FERDINAND DE LANOYE

LA SIBÉRIE

D'APRÈS LES VOYAGEURS LES PLUS RÉCENTS

Elibron Classics
www.elibron.com

Elibron Classics series.

ISBN 0-543-91017-2 (paperback)
ISBN 0-543-90981-6 (hardcover)

This Elibron Classics Replica Edition is an unabridged facsimile of the edition published in 1865 by L. Hachette et Cie, Paris.

LA SIBÉRIE

PARIS. — IMPRIMERIE GÉNÉRALE DE CH. LAHURE
Rue de Fleurus,

CIME DU KATCHEKANAR, UN DES SOMMETS DE L'OURAL

BIBLIOTHÈQUE DES JEUNES FILLES

LA SIBÉRIE

D'APRÈS

LES VOYAGEURS LES PLUS RÉCENTS

PAR Fd DE LANOYE

OUVRAGE ILLUSTRÉ DE 48 VIGNETTES

ET ACCOMPAGNÉ D'UNE CARTE

PARIS

LIBRAIRIE DE L. HACHETTE ET Cie

BOULEVARD SAINT-GERMAIN, N° 77

1865

INTRODUCTION.

CE QU'ON VOIT DU HAUT DE L'OURAL.

A l'Orient des contrées septentrionales de l'Europe, un soulèvement de l'écorce terrestre, plus remarquable par sa longueur que par son élévation, forme, sur une ligne méridienne de plus de 2500 kilomètres, les limites de l'Asie.

Parmi les grandes chaînes de montagnes qui hérissent la surface de notre globe, celle-ci est une des moins hautes, mais dans aucune, la nature, toujours féconde, même sous les cieux les plus ingrats, n'a semé d'une main plus prodigue les minéraux utiles ou précieux : ceux qui alimentent l'industrie de l'homme, qui facilitent ses transactions, ou qui ne flattent que sa vanité. Avant la découverte des *placers* de la Californie et de l'Australie, les mines d'or de ces montagnes étaient les plus riches du monde; leurs mines de platine sont encore sans rivales; il en est de même de leurs exploitations de malachite, de jaspe et d'agates qui ont fourni aux palais de Pétersbourg et de Moscou leurs plus beaux ornements. Les conteurs des *Mille et une Nuits* n'ont jamais entrevu, dans leurs rêves, des pierreries égalant, en beauté et en volume, les échantillons que les gisements de ces régions ont fournis aux collections minéralogiques du tzar de toutes les Russies : des corindons gros comme des œufs, des bérils de 25 centimètres de longueur, des émeraudes de 5 et 8 pouces de diamètre, des topazes plus énormes encore! Quant aux aigue-marines, aux grenats, aux zircons, aux améthystes, aux saphirs, aux diamants enfin trouvés dans les mêmes gîtes, si leurs dimensions n'ont rien d'extraordinaire, leur énumération doit suffire pour appeler un intérêt de curiosité sur les localités qui les produisent.

Quant à l'observateur sérieux, au géologue, ce qu'il admire le plus dans ces montagnes, c'est bien moins ces riches cristaux, si prisés du vulgaire, que la variété infinie des substances métalliques ou cristallisées, des débris organiques, des ossements fossiles, parmi lesquels ils se trouvent disséminés dans un espace relativement circonscrit. En étudiant cet espace, en cataloguant ces substances, en classant ces débris, il est forcé de reconnaître l'activité des forces productrices toujours agissantes dans l'intérieur du globe, et sa pensée, plongeant à travers les siècles cosmogoniques, s'efforce d'entrevoir, dans les couches primordiales de l'écorce terrestre, la réunion de circonstances et d'agents, nécessaire à la formation simultanée ou

Vallée de la Toura.

successive de tant de combinaisons chimiques hétérogènes!

Le nom d'Oural, que les géographes ont adopté

pour ces montagnes, vient d'un radical existant dans la plupart des vieux dialectes sibériens et qui signifie *ceinture* ou *mur de pierres*. En effet à l'imagination des premières familles de nomades qui l'aperçurent des plaines déprimées du Tobol ou de la Toura, cette longue ligne de faîtes, hérissée de glaces et de rochers, dut apparaître comme l'enceinte infranchissable de leurs terres de chasse et de parcours, ou tout au moins, comme une clôture naturelle, divisant les héritages de races étrangères et hostiles les unes aux autres....

Clôture impuissante ! qui n'a jamais sauvegardé aucun droit, empêché aucune usurpation. Pauvre rempart qui, depuis les premiers âges de l'humanité, n'a préservé l'Europe d'aucune invasion, n'a fermé le chemin de l'Occident à aucun des fléaux de Dieu.

« De l'Orient, dit un refrain polonais d'une poignante tristesse, de l'Orient nous vient le soleil, mais c'est aussi de là que fondent sur nous les barbares et la peste ! » Pour la pensée que traduisent ces amères paroles, l'Orient c'est la Russie ; mais la Russie n'est-elle pas issue tout entière d'au delà de l'Oural ?...

Du haut de la cime du Katchkanar, qu'à ces rochers étranges et démantelés par le temps, on pourrait prendre pour le bastion central du *mur de pierres*, l'œil du touriste, plongeant sur les horizons, bleuis par l'éloignement, des forêts asiatiques, embrasse presque tout le périmètre de l'ancien Khanat de Sibir[1], dont le nom, de proche en proche, s'est étendu, avec le joug moscovite, sur tout le versant septentrional de l'Asie.

Les premières tentatives du gouvernement russe contre ces régions datent de 1580, année où il jeta sur ce même Khanat, la bande désespérée d'Yermak Timoleïef, chef cosaque, expulsé des bords du Don par suite de ses brigandages.

Si sept ans plus tard les Russes purent bâtir Tobolsk;

Si, entre cette fondation et celles de Yakoutsk, d'Yrkoutsk et de Nertchinsk, il leur suffit d'un laps de cinquante à soixante ans;

Si, un siècle à peine sépare l'apparition d'Yermak sur les bords de la Toura, de la conquête définitive du Kamtschatka et de l'annexion complète à la Russie d'une zone asiatique de 1600 lieues de long sur 7 à 800 de large; — Il faut voir dans ces faits le résultat, bien moins des énergies réunies des armes et de la politique russes, que des affinités de sang, de mœurs, d'habitudes de superstitions, et même de langage, qui liaient, de longue date, les populations conquérantes aux populations conquises.

Quand le Moujik des plaines du Volga vint s'établir parmi les tribus finnoises et tatares de l'Obi et de l'Yéniseï, elles virent en lui bien moins un intrus qu'un frère consanguin, rentrant sur la terre de

1. Du mot tatare ou ostiak *Sibiri*, qui signifie aube ou levant

ses pères. Quand le Cosaque du Don ou de l'Ukraine passa, au galop de son cheval, devant les pasteurs guerriers de l'Asie centrale, ils le reconnurent pour un des leurs et lui firent place dans leurs cantonnements.

Là est le secret de la force de la Russie en Orient et du poids dont elle pèse sur le monde.

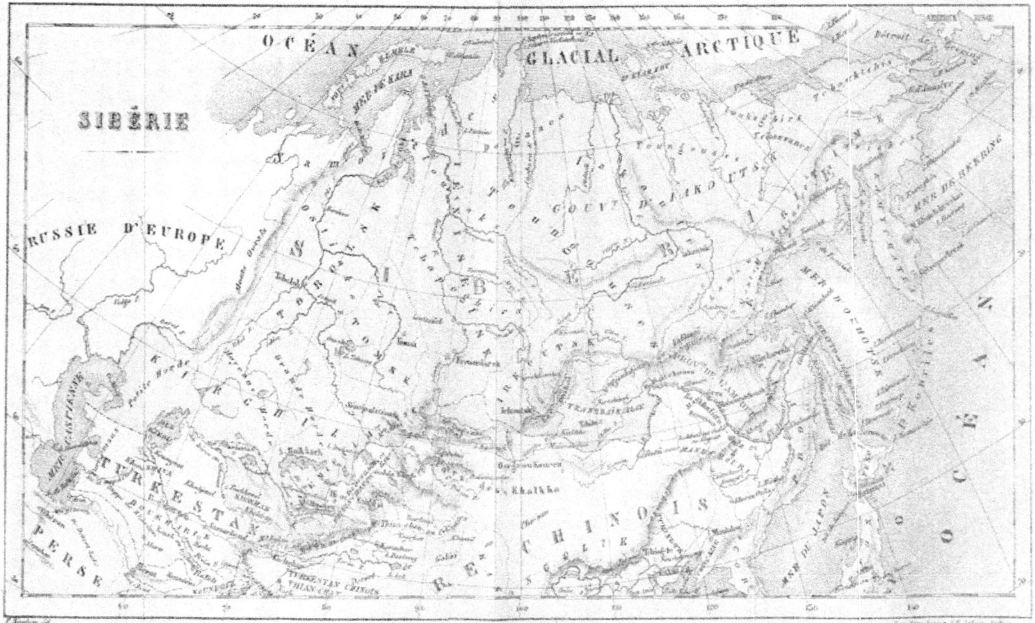

Librairie de L. HACHETTE et Cie à Paris

LA SIBÉRIE.

CHAPITRE I.

LE BASSIN DE L'OBI.

DE L'OURAL A TOBOLSK ET A BÉRÉSOV.

RELATION D'UNE EXILÉE.

D'Ékaterinembourg à Tobolsk. — La capitale de la Sibérie occidentale, les exilés. — L'Obi, — Bérésov, ses habitants, ses cimetières.— Les saisons à Bérésov. —Les indigènes, les Ostiaks et les Samoïèdes.— Notions complémentaires.

Un de ces gémissements périodiques qui apprennent de fois à autre à l'Europe que la Pologne respire encore ayant attiré, vers la fin de 1838, une recrudescence de rigueurs sur cette malheureuse contrée, l'auteur du récit suivant, Mme Ève Félinska, d'une noble famille de l'ancienne Ukraine, ainsi que d'autres jeunes femmes de son voisinage, suspectes, comme elle, de regrets et de vœux pour la patrie perdue, fut comprise dans un ukase ou décret de transportation en Sibérie.

C'est avec elle que nous ferons nos premiers pas

sur cette terre de douleur et que nous descendrons de l'Oural dans le bassin de l'Obi. Ses paroles étant de celles qui ont droit au respect de tous, nous n'avons apporté aucune modification à la portion de ses récits que nous lui avons empruntée.

.... Les premières heures de mon exil m'avaient paru interminables ; je ne savais plus mesurer le temps; les jours et les nuits se confondaient dans mon esprit ; mais l'homme s'habitue à tout, et il apprend à vivre, quand même il n'a plus rien à espérer de la vie. Après une semaine, la résignation, l'espérance dans les infinies miséricordes, la paix du chrétien avaient rendu à mon âme la force qui domine les douleurs humaines. Mon esprit, maître de lui-même, pouvait s'intéresser aux objets qui se présentaient à ma vue ; et c'est dans cette disposition plus calme que je traversai l'espace immense qui sépare ma patrie des confins asiatiques.

Une route assez belle conduit de Perm à Ekaterinenbourg; elle coupe transversalement dans toute leur épaisseur les forêts et les rochers de la chaîne de l'Oural, dont toutes les eaux, sous cette latitude, se dirigent vers l'ouest, et vont se jeter les unes, dans l'océan Glacial, les autres dans la mer Caspienne.

Ekaterinenbourg, fondée en 1723 sur l'Isset, a déjà une population considérable. La ville possède le principal hôtel de la monnaie de l'empire russe, et la direction générale des mines : ces deux édifices sont d'une beauté remarquable. En outre, il y a de grandes fabriques où l'on travaille les minéraux et les pierres fines.

On peut se procurer à Ekaterinenbourg des pierres précieuses, montées ou non montées, à des prix très-modiques. Les tentations ne manquent pas en ce pays ; mais, hélas ! j'étais comme cet Arabe du désert qui, mourant de faim et de soif, rencontre sur son chemin un sac plein de perles et s'écrie : « Ce ne sont que des perles ! » J'ai bien jeté un regard de convoitise sur ces charmants objets, mais j'ai vite détourné la tête.

Les neiges nous permettaient de voyager en traîneau, et nous espérions bien conserver jusqu'à Tobolsk ce genre de locomotion, mais en arrivant à Ekaterinenbourg, les routes étaient couvertes d'une boue si humide et si grasse, que les chevaux ne pouvaient plus avancer. Nous fûmes donc obligées de nous arrêter dans une auberge, et pendant ce temps-là le conducteur de l'escorte se mit en quête d'un moyen de transport pour assurer le reste de notre voyage. Bientôt il revint et nous annonça que nous devions renoncer aux traîneaux et les remplacer par des voitures.

L'état de nos finances ajoutait à toutes les difficultés ; un excédant de dépense nous effrayait fort, car nous ignorions si on pourrait nous envoyer de l'argent; le peu qui nous restait était donc bien précieux. On nous proposa une bonne berline, mais nous dûmes refuser et prendre une pauvre *perekladna*, c'est-à-dire une charrette de poste.

Nos excellents traîneaux, si bien rembourrés, si commodes, devinrent, en échange de quelques roubles, la propriété de l'aubergiste : quelle aubaine pour lui ! aussi donna-il un pourboire au postillon.

Il n'y a pas de mots dans les langues connues pour exprimer le supplice d'un long voyage en *perekladna:* la Russie devrait réserver cela pour les grands criminels ! Qu'on se figure une longue boîte plus haute par devant que par derrière, ayant une planche en guise de banquette et point de ressorts ; les secousses sont tellement violentes, qu'il est de toute impossibilité de trouver son aplomb : à chaque cahot, et ils sont presque continuels, on saute, bon gré, mal gré ; ces évolutions féroces finissent à la longue par vous arracher de vraies larmes. Nous étions rompues, meurtries, contusionnées comme si nous eussions subi le supplice du knout.

A une petite lieue d'Ekaterinenbourg, la route était recouverte d'une neige épaisse. Je témoignai mon étonnement au cocher, qui me répondit avec un grand flegme : « Mais d'ici à Tobolsk, vous trouverez de la neige partout : regardez les plaines qui sont devant vous, elles sont toutes blanches; aussi, ajouta-t-il, on était bien étonné, au dernier relais, de vous voir en *perekladna.* » Le mal était irréparable ; nous ne pouvions pas poursuivre l'aubergiste qui avait abusé de notre ignorance; la seule manière de voyager dans ce pays, est de se méfier de tout le monde.

Mais nous allions bientôt trouver un adoucissement à notre déplorable situation, et au plus prochain relais l'administration de la poste nous fit offrir des traîneaux appartenant à la couronne; certes ils n'étaient pas confortables comme les nôtres, mais ils valaient toujours mieux que les affreuses *perekladna ;* d'ailleurs, nous n'avions pas le droit d'être difficiles, il fallait prendre notre mal en patience, et à chaque halte transporter nos bagages d'un traîneau à l'autre, et c'était nous qui prenions toute cette peine, car nous n'avions ni domestique, ni femme de chambre; nous étions gauches, malhabiles, étrangères à ces soins grossiers, mais la nécessité commandait en maître. Le reste de notre voyage se passa dans de meilleures conditions: les traîneaux étaient supportables, et nous n'étions plus forcées d'en changer à chaque étape.

Tobolsk.

Notre voyage dura un mois; parties le 11 mars, nous étions à notre destination le 11 avril 1839. Tobolsk est la capitale de la Sibérie occidentale. Quoiqu'on sentît déjà la douce chaleur du printemps, le sol était encore couvert de neige, et les montagnes déversaient des torrents d'eau neigeuse.

Après les formalités officielles, nous prîmes gîte dans une auberge (*Gastinnitza*) destinée aux voyageurs.

J'éprouvai un moment de vif plaisir en me voyant dans une chambre convenable et qui allait m'appartenir. Je pourrais enfin disposer de mon temps, reprendre des occupations suivies, et, mieux encore, je ne serais plus aux ordres d'un postillon hargneux, je n'entendrais plus le son aigre et monotone des grelots du traîneau, je serais presque libre, presque heureuse, enfin j'aurais le repos ou plutôt la liberté de la pensée.

Hélas! dans l'étonnement de pouvoir goûter un peu de calme et de bien-être, j'avais oublié qu'il faudrait bientôt repartir, et, que les mots : « Marche, marche! » formaient notre fatale devise comme celle du pauvre Juif errant. Le terme, le but de notre exil, qui pouvait en prévoir la fin? On

Tobolsk, ville haute et ville basse.

nous fit séjourner à Tobolsk parce que les éléments nous accordaient leur sinistre protection! Les rivières débordaient et les torrents envahissaient toute la contrée avec des mugissements affreux! Il était donc impossible de se mettre en route. Il fallut attendre le moment où les fleuves commenceraient à se retirer.

Dès que je fus installée dans ma nouvelle demeure, je cherchai à me faire des occupations; j'avais emporté quelques livres *permis ;* je pensais qu'ils me seraient d'une très-grande ressource, mais la Providence me réservait des consolations inespérées, et je rencontrai à Tobolsk plusieurs de mes compatriotes, venus là de la Posnanie, de la Wolhynie, de Wilna, etc. Ils nous avaient devancées dans l'exil depuis une semaine ; le même malheur nous frappait, la même foi politique, le même amour de la patrie nous unissait. Cette communion suprême de sentiments et de pensées faisait de nous une même famille, et nous sentîmes un si grand bonheur en nous serrant la main qu'il nous sembla que notre courage serait au-dessus de toutes les épreuves qui nous étaient réservées.

La vie d'auberge qui nous avait paru supportable par comparaison ne tarda pas à nous déplaire, et toute la petite colonie polonaise se décida à louer une maison pour y former une sorte de phalanstère. La neige fondait à l'approche du printemps, et les rues commençaient à être praticables, ce que nous souhaitions fort, car jusque-là il nous avait été impossible de sortir; mais nous habitions la ville basse, dont les rues ne sont pas pavées; des poutres posées l'une contre l'autre suppléent au pavage, et cela rend la circulation très-difficile dans les mauvais temps. Nous pûmes cependant faire quelques promenades et voir des personnes qui nous avaient été recommandées.

Tobolsk est située au confluent du Tobol et de l'Irtyche ; ses maisons sont pour la plupart construites en bois, elles n'ont aucune peinture à l'extérieur, ce qui donne à toute la ville un aspect assez sombre; les églises, et elles sont, je crois, au nombre de dix, sont toutes bâties en pierres. Si on distingue quelques grands hôtels construits en briques, ils appartiennent à l'État ou à des négociants riches.

L'hôtel de ville est d'une architecture remarquable. On montre aussi, comme une des curiosités de Tobolsk, une maison élevée par les prisonniers suédois, déportés en cette ville après leur terrible défaite de Pultava.

Je ne dois pas oublier de mentionner l'évêché, qui, par son admirable position, domine toute la ville ; il est placé sur un monticule dont il couronne le sommet, et il fait partie de ce qu'on appelle la ville haute.

La ville basse s'étend sur une grande plaine

Tobolsk — le port.

échancrée par le cours sinueux de l'Irtyche; elle repose sur les bords du fleuve, ce qui rend les habitations charmantes en été, mais tristes et humides en hiver; le terrain n'est point accidenté, il présente une ligne droite d'un aspect monotone. Il y a une telle uniformité dans l'alignement des rues qu'on s'égare facilement quand on est étranger à la ville.

Les exilés.

Dans une de nos promenades, en compagnie de mes compatriotes, nous allâmes faire une visite au colonel Séverin Krzyzanowski, qui était retenu chez lui par une paralysie des jambes. Un des nôtres nous devança pour annoncer notre venue à l'exilé que nous trouvâmes assis dans un grand fauteuil à la Voltaire. Malgré son état de souffrance moral et physique, il y avait du soin dans sa toilette; son linge, quoique usé, était d'une blancheur éblouissante; ses longs cheveux blancs tombaient sur ses épaules, tout en gardant un air de propreté extrême; son visage d'une pâleur mate avait l'expression du désespoir; ses lèvres fines et pâles semblaient n'avoir jamais souri; ses yeux éteints, sans regard, faisaient mal à voir.... Nous n'osions parler, nous restions debout sans nous approcher de ce martyr dont la vue nous pénétrait de tristesse et de respect.

Tout à coup un tremblement convulsif agita les mains du colonel, il fit signe qu'il voulait parler, mais son émotion enchaînait sa parole ; il fit encore un signe pour nous inviter à nous approcher de lui. Alors des larmes brillèrent dans ses yeux, on sentait que la lumière se faisait dans son esprit, lumière fugitive qui ne devait pas survivre à l'émotion. Peu à peu, il prit possession de lui-même, la lucidité revint et la conversation s'engagea. Il savait que nous devions aller à Bérésov, que c'était là notre véritable destination ; il nous dit qu'il y avait fait un séjour de quatorze mois et nous recommanda de loger dans la maison qu'il avait habitée et dont il avait gardé un très-bon souvenir. « Surtout, ajouta-t-il, n'accordez aucune confiance aux récits exagérés ou menteurs des voyageurs. On vous dira que les Bérésoviens sont inhumains, sauvages, cruels, que sais-je encore ! n'en croyez pas un mot; leurs mœurs, au contraire, sont douces, et ils sont hospitaliers, bons et sincères.... » Tout cela était à peine articulé. On voyait que chaque mot qu'il cherchait à prononcer lui coûtait un grand effort, et que son intelligence se troublait. En parlant de Bérésov, la France et l'Italie, qu'il avait connues dans des jours meilleurs se présentèrent à sa mémoire, et tout se confondit dans sa pensée. Il nous assura que nous trouverions à Bérésov des fruits savoureux et exquis : des raisins, des pastèques, des melons, enfin tous ces fruits qui ne se rencontrent que dans les pays méridionaux.

S'apercevant que nous voulions prendre congé de lui, il posa sa main sur la mienne et dit encore : « Plus long temps.... » C'était le dernier souffle de sa raison. Nous quittâmes le colonel en nous promettant de ne pas renouveler ces déchirantes entrevues; nous avions le cœur navré, et nous n'avions apporté aucun soulagement à l'illustre victime.

Pour dissiper nos tristes impressions, nous fîmes une excursion vers les rivages de l'Irtyche. Les eaux qui avaient débordé dans la plaine présentaient le plus magnifique coup d'œil ; nous ne nous lassions pas d'admirer le ciel qui projetait des rayons lumineux sur cette surface limpide. Avant de rentrer au logis, nous voulûmes visiter le jardin public, qui ne manque pas d'une certaine élégance ; les allées en sont sablées et plantées de bouleaux ; mais les arbres n'avaient point encore de feuilles, et nous remîmes à plus tard une autre promenade dans ce jardin sans fleurs et sans verdure au mois de mai.

Le lendemain, après dîner, une *dorosehka* attelée de deux chevaux s'arrêta à notre porte ; nous

nous mîmes à la fenêtre pour voir quel était ce visiteur qui nous venait. Tout est un événement dans une vie comme la nôtre, et nous aperçûmes le colonel Krzyzanowski au fond de la voiture. Aussitôt on se précipita pour aider le colonel à

Un exilé polonais.

descendre, et tous enfin nous allâmes au-devant de lui; mes compatriotes portèrent sur leurs bras le vieillard impotent, et avec les plus grandes précautions ils franchirent sans accident nos deux étages. Notre ameublement était si modeste que nous ne possédions même pas un fauteuil pour l'offrir au malade; un petit lit de repos était notre seul luxe, et nous y installâmes notre cher visiteur. Un mieux sensible se manifestait dans l'état du colonel; la veille, il pouvait à peine articuler, et aujourd'hui il parlait presque facilement; il semblait vouloir nous consoler de nos tristes et récentes impressions; il y avait de la vivacité, et quelquefois de l'éloquence, dans sa façon de s'exprimer; on sentait, en l'écoutant, qu'il voulait mettre à profit un de ces rares moments de lucidité; il abordait différents sujets, il commençait des récits qu'il n'achevait pas: le lien, la suite lui échappaient, mais pourtant il y avait une apparence de calme et de raison dans ses paroles. Peu à peu, ses idées se troublèrent, il devint plus triste, ses yeux s'assombrirent, il soupira douloureusement comme s'il souffrait des ravages de son intelligence; alors il prit le ton confidentiel, baissa la voix, et nous parla des esprits invisibles qui l'entouraient le jour et la nuit. « Ces bienheureux esprits, nous disait-il, nous font entendre des chants mélodieux; j'ai retenu les paroles et la suave harmonie de ces chants célestes, je vous les apprendrai, à vous madame Félinska, et vous les apprendrez à nos compatriotes. Cela vient du ciel, et vous rendrez à la Pologne ce que le ciel vous donne !... » Puis il parla de l'avenir de la Pologne, mais c'était le dernier effort de sa raison.... Nous pleurions tous: cette grande victime de l'exil et des persécutions moskovites nous brisait le cœur. Nous, nous commencions notre exil: nous en étions à notre première étape; lui le finissait par le martyre!

. Le domestique qui l'avait accompagné se présenta pour rappeler au colonel qu'il était temps de partir. Nos adieux furent douloureux, et le pauvre malade recouvra assez de présence d'esprit pour dire: *Au revoir, ici, ou là-haut!*

Le Printemps à Tobolsk.

.... Le vrai printemps, et non le printemps trompeur de la Russie, revenait; un chaud soleil faisait fondre les glaces, et l'Irtyche charriait déjà de gros glaçons. Hélas! c'était pour nous le signal du départ.

La rivière, dans certains endroits, avait repris son cours; des blocs de glace d'une grandeur démesurée glissaient majestueusement après s'être détachés avec un fracas épouvantable; les eaux plus rapprochées du bord étaient complétement dégagées, et on voyait une foule de barques dirigées par des hommes et des femmes du peuple, sillonnant la rive. Enfin, la vie, le mouvement, l'animation avaient reparu.

Le 15 mai, Tobolsk était en pleine floraison: la ville grisâtre avait pris un air de fête, les gazons avaient chassé les traces de la neige, les arbres déployaient leurs feuilles, une brise tiède nous apportait des senteurs embaumées.... Là aussi, la nature est bienfaisante.

La beauté du temps nous détermina à faire une excursion dans la ville haute, dont je crois n'avoir pas encore parlé ; elle est située sur une hauteur et ceinte de remparts taillés dans les rochers; des fossés profonds entourent la ville et en rendent l'accès difficile. Pour arriver à pied, il faut monter cent marches d'un escalier perpendiculaire; quant aux voitures, elles doivent traverser un pont jeté sur les fossés.

Dans une avenue solitaire, nous aperçûmes un petit pavillon ombragé par des bouleaux ; son aspect était charmant, et par son ornementation élégante, et par son originalité de bon goût. Il y avait dans l'extérieur de cette habitation quelque chose de très-européen. « A qui appartient ce pavillon ? » voilà la question que nous fîmes à notre guide. « A un Polonais déporté qui se nomme A. Ceyzik » nous fut-il répondu.

L'occasion était trop bonne pour ne pas en profiter; il ne faut pas jouer avec le hasard, il n'est pas toujours si favorable. Nous allâmes donc frapper à la porte de notre célèbre compatriote. Ceyzik est un sculpteur de premier mérite, et ses œuvres lui survivront; mais l'exil, ce grand professeur qui vous élève s'il ne vous écrase pas, l'a fait architecte et jardinier. C'est lui qui a bâti le pavillon qu'il habite ; c'est lui qui cultive ses fleurs ; c'est lui qui a créé une Pologne dans cette terre aride ; sa serre chaude est une merveille de difficultés vaincues. Nous sympathisions avec l'homme courageux, et nous admirions le génie de l'artiste.

Les sculptures de Ceyzik sont appréciées partout, et même en Sibérie. Lors du séjour de l'héritier présomptif en ce pays, les commerçants commandèrent à Ceyzik un surtout de table pour offrir au prince ; celui-ci, dit-on, fut émerveillé de la beauté de ce travail. Le grand artiste ne peut suffire aux commandes qui lui arrivent de tous les pays du globe : ses urnes, ses vases de bronze et ses têtes de pipes sculptées se vendent au poids de l'or

Départ de Tobolsk.

Nous devions quitter Tobolsk pour Bérésov. Le 17 mai, on nous signifia de nous préparer. Nos amis, encore une fois, furent parfaits pour nous, ils nous comblèrent de soins et de délicates attentions ; leur bonté et leur dévouement furent notre dernière joie et notre dernier bon souvenir.

Notre embarcation allait faire la grande pêche annuelle dans le golfe de l'Obi ; le chargement était énorme, le matériel considérable ; mais on nous avait réservé une cabine, la seule disponible dans le navire, et quelle que fût son exiguïté, nous dûmes nous en contenter, car elle nous mettait du moins à l'abri de la curiosité des passagers et de la grossièreté de l'équipage.

Trois coups de fusil donnèrent le signal du départ; nos amis descendirent dans le canot après avoir serré nos mains dans une suprême étreinte !... Pas une parole ne fut prononcée.... Tout était fini, le devoir de l'Évangile devenait notre unique espérance.

Il était dix heures du soir, les brises d'une nuit calme nous apportaient les fraîches senteurs des bouleaux; peu à peu, les rives de l'Irtyche disparaissant s'effaçaient dans une brume transparente; le ciel tout parsemé d'étoiles nous inondait de ses douces clartés.... Hélas! chaque sillon du navire m'éloignait de toutes les affections de mon cœur, me séparait plus irrévocablement de la Pologne; nuit de méditation, de tristesse et dont le souvenir ne me quittera plus. Ma compagne d'exil et moi, nous restâmes sur le pont, sans échanger un mot, et comme si nous redoutions de nous communiquer nos appréhensions pour l'avenir.

Avec l'obscurité croissante un profond silence se fit autour de nous; les passagers et l'équipage, sauf les hommes de service, étaient plongés dans le sommeil; et nous, les yeux fixés dans l'espace, nous voulions retenir les objets qui s'éloignaient, et nous n'apercevions plus que les petits jets de lumière qui s'échappaient de distance en distance des cabanes tartares. Au milieu de cet isolement solennel, je rêvais au passé, je méditais sur les hasards humains, mais saisie par l'intensité du froid de la nuit, je dus descendre dans ma cabine, où je cherchai vainement le sommeil.

A l'aube du jour, j'avais compté les heures, je fis ma toilette et je remontai sur le pont pour voir l'aspect du pays et pour demander où nous étions. Hélas! nous n'avions encore fait que vingt verstes. Toute découragée, je regagnai mon pauvre asile. Pauvre est le mot, car il n'y avait dans cette cabine qu'une seule chaise et un lit médiocre ; cependant le jour qui pénétrait par une étroite fenêtre me permettait de lire et d'écrire. Vers le milieu de la journée j'aperçus les hauteurs de Bronikow et, de loin en loin, quelques cabanes et des terres cultivées; mais ces traces de la vie, et de la vie active, étaient rares.

Le chargement du navire se composait en grande partie de farine; cet approvisionnement, destiné à Bérésov, devait être échangé contre du poisson et divers produits du pays. Les sacs de farine nous furent d'une grande ressource, et dans l'absence de tout confortable ils nous servaient de table à manger et de siége pour nous asseoir.

19 *mai* 1839. — J'inscris cette date, mais elle demeurera éternellement gravée dans ma mé-

moire.... Pendant un espace de temps qu'il m'est impossible de mesurer, j'ai été entre la vie et la mort. Je vais essayer de raconter cet événement que les miens liront avec intérêt, si jamais ce récit leur parvient. Le jour commençait à paraître, ma compagne dormait encore, j'ouvris la porte de ma cabine et me disposais à monter sur le pont pour contempler les premiers rayons du soleil, mais l'odeur du goudron, du cuir et des salaisons me repoussa tellement, que je dus renoncer à mon projet. Je rentrai dans ma cabine et, pour me rafraîchir par l'air pur du matin, j'ouvris une petite porte qui donnait sur la rivière; un des canots se trouvait à ma portée, je ne résistai pas au désir de me bercer dans la frêle embarcation. Pendant un moment j'éprouvai un bien-être indicible, l'eau limpide et brillante m'enveloppait de ses vapeurs, le ciel resplendissant me réchauffait de ses rayons, aucun bruit humain ne troublait mon extase.... J'avais presque oublié l'exil et les menaces de l'avenir.... Tout à coup une forte brise souleva le canot et je compris mon imprudence! Je fis alors des efforts pour me rapprocher du navire, mais ce fut en vain; j'appelai à mon aide et ma voix se perdit dans l'espace.... Par un mouvement désespéré, je me saisis de la corde qui attachait le canot, je me crus sauvée! D'une main je me cramponnai à la corniche du navire; mais le poids de mon corps repoussa le canot et je restai suspendue dans l'espace, me sentant affaiblie, haletante, éperdue de terreur.... Enfin, mes cris désespérés arrivèrent aux oreilles d'un passager, c'était un des marchands de farine ; je ne dois pas oublier son nom, parce qu'il m'a sauvé la vie: il s'appelait Korpamoff. Sans calculer le danger, il saute dans le canot, le pousse vers le navire, me prend par les épaules et me fait remonter ainsi sur le pont, où je tombe inanimée.

A ce moment les passagers et les gens de l'équipage venaient de se réveiller. Un cri s'échappa de toutes les poitrines: *La Polonaise s'est noyée!* Ma compagne, entendant ces clameurs, se précipita vers moi, et un serrement de main vint lui prouver que je n'étais pas morte; mais au travers de ces événements pleins de péripéties et d'angoisses, il se produisit un incident burlesque, je veux parler du désespoir du Cosaque qui avait la mission officielle de me garder à vue.... Ce pauvre homme pleurait, s'arrachait les cheveux, levait les yeux au ciel et jetait sur moi des regards effarés.... Touchée de me voir l'objet d'une sensibilité qui n'avait rien de russe, je trouvai assez de force pour dire au malheureux Cosaque : « Je vous remercie de votre intérêt, mais consolez-vous, je ne mourrai pas. — Tant mieux pour vous, me répondit-il, et surtout tant mieux pour moi; je réponds de vous, et si vous aviez péri, c'était moi, moi innocent, que l'autorité aurait puni ; dans ce cas-là l'autorité n'admet pas les circonstances atténuantes. »

21 *mai.* — Quelques heures de repos suffirent pour me remettre; ma bonne nature prend vite le dessus: quelle aide que la jeunesse! l'espérance n'est-elle pas toujours blottie au fond du cœur?... on souffre, mais on pense à demain, et demain vous sourit! Le temps n'a contribué en rien à la prompte amélioration de ma santé, l'atmosphère est froide, brumeuse, et bien en harmonie avec les pays que nous traversons.... Partout des terres incultes, ou çà et là, à de grandes distances, des mélèzes, des cèdres et des sapins. Le vent souffle avec une telle violence, que le navire a dû mettre à l'ancre.... La pluie tombe à torrents.... Après un temps d'arrêt plus ou moins long, le navire se remet en mouvement, mais l'orage n'était pas encore calmé complétement, et l'embarcation, fouettée par les rafales, plongeait dans la rivière, tantôt sa poupe et tantôt son gaillard d'arrière.

Plus nous avancions vers le nord, et plus l'aspect de la nature était aride. Nous étions dans la saison où les jours croissent avec une telle rapidité, que le coucher du soleil est à peine séparé de son lever. Après Demiauk, on trouve Samarov, le point le plus important entre Tobolsk et Bérésov. En cet endroit, l'Irtyche se réunit à l'Obi; on découvre des sites de la plus étrange magnificence, et on doit s'incliner devant l'impénétrable volonté de Dieu, qui crée de si étonnants contrastes.

25 *mai.* — En quittant Samarov, nous entrâmes dans les eaux de l'Obi. Immense et merveilleux spectacle! l'Irtyche ne se joint à l'Obi qu'après avoir parcouru une très-longue distance. Les deux fleuves, avant de se mêler, de s'unir en quelque sorte, marchent parallèlement sans se confondre; ils forment deux larges rubans très-distincts, en conservant leur couleur, leur aspect divers: les eaux de l'Irtyche venant des steppes Kirghises sont troubles, bourbeuses, et celles de l'Obi issues des montagnes sont pures, limpides, malgré la nuance foncée de leur surface.

Ce dernier fleuve se déroule en serpentant sur une vaste plaine, oùil forme d'innombrables îlots tout verdoyants de saules et de plantes marines.

Nous approchons de la fin de mai, et le froid est encore d'une âpreté extrême; ici, les arbres ont des feuilles; un peu plus loin, la nature a conservé les stigmates de l'hiver; partout des contrastes, et ce qu'on a devant les yeux ne peut donner une idée de ce que l'on verra quelques instants plus tard.

Bérésov.

Enfin, le 31 mai, après avoir quitté le grand lit de l'Obi pour celui de la Sosia, son affluent, nous

Vue de Bérésov.

aperçûmes une ville dans la direction du nord, et chacun s'écria : « Bérésov ! Bérésov ! » Après quinze jours de navigation, nous touchions au but de notre exil.... Tous les passagers s'agitaient: les uns allaient revoir des amis, les autres allaient réaliser une fortune; tous étaient heureux à leur façon, les uns de ce qu'ils espéraient, les autres de ce qu'ils allaient trouver.... Je ne m'attristais pas du bonheur des autres, mais je me disais: « Pour nous, il n'y a plus rien à attendre et rien à espérer. »

Le capitaine, pour donner une certaine solennité à notre débarquement, ordonna qu'il serait tiré trois coups d'obusier. « Où sont les canons? » dis-je à un matelot; mais celui-ci jugea à propos de ne pas me répondre; je continuai mes investigations, et je finis par découvrir, dans un tout petit coin, un tout petit canon qui n'avait pas un pied de longueur; en un mot, un vrai joujou d'enfant; l'objet en question fit néanmoins assez bien son devoir pour avertir les Bérésoviens.

C'était à qui descendrait le premier dans le canot; on se poussait, on se culbutait; il n'était plus question de politesse ou de galanterie; mais nous, nous restions sur le pont, regardant cette agitation comme un spectacle. Notre débarquement ne pouvait se passer de la présence de l'autorité: en conséquence, M. le maire vint au-devant de nous, et nous le suivîmes, laissant nos bagages à la garde de Dieu, mais on nous assura que nous pouvions être tranquilles.

Du côté de la rivière, on voit deux églises schismatiques, puis une grande maison peinte en jaune se dessine sur une élévation; ensuite, quelques habitations d'une chétive apparence et n'ayant toutes qu'un seul étage. Une vaste forêt de cèdres encadre le tout.

A première vue, nous crûmes que la ville était en fête : il y avait tant de monde dans les rues, tant de costumes éclatants, tant de mouvement autour de nous, que nous demandâmes si ce n'était pas un champ de foire. On nous répondit qu'il n'y avait rien que de très-ordinaire dans ce que nous voyions. Après avoir traversé cette foule chamarrée, nous arrivâmes à notre nouvelle demeure, qui se composait de deux chambres assez claires et presque propres: propres pour les yeux, mais point pour l'odorat. Il fallait donc donner de l'air, beaucoup d'air, et ensuite chauffer les deux pièces, qui ne devaient pas avoir été habitées depuis longtemps.

Notre propriétaire nous invita à prendre le thé chez lui, pendant qu'on disposerait nos chambres à nous recevoir: nous acceptâmes: la dignité ne doit jamais nous abandonner dans certaines situations, mais la fierté, jetées comme nous l'étions sur une terre étrangère, eût été un ridicule et un ridicule est toujours une faute.

Comme on touchait à la fête de saint Pierre, on observait le maigre le plus rigoureux, et le thé

Rue et habitants de Bérézov.

qu'on nous offrit se ressentait cruellement de l'abstinence : point de crème et pas le moindre gâteau.

Dans cette pénurie je demandai à l'hôtesse de nous indiquer le marché.

« Nous n'avons pas de marché, me répondit-elle.

— Mais comment vous procurez-vous des vivres? lui dis-je.

— Eh! chacun fait comme il peut.

— Mais n'auriez-vous pas quelque chose à me vendre? Quoi que ce soit, je l'achèterais.

— Nous n'avons rien, reprit l'hôtesse; à moins que vous ne vouliez des canards *conservés*. »

C'est-à-dire qui ne sont pas conservés du tout; malgré les menaces de la famine, je reculai à l'idée des canards; et force nous fut de nous coucher sans souper! Nous étions à cette saison où il n'y a point de nuit, et ce jour sans fin nous tint éveillées! La faim, l'agitation de nos nerfs, la nouveauté du gîte, tout contribua à nous ôter le sommeil.

Nous avions le lendemain une chaleur accablante. On passe ici sans transition du froid au chaud; hier, nos poêles étaient chauffés, la terre était couverte de givre, les arbres ne présentaient que des branches dépouillées; aujourd'hui nous avons la surprise d'un printemps : le gazon est vert, le cassis est en pleine floraison, les arbres sont couverts de bourgeons.... Ce miracle s'opère dans l'espace de quelques heures.

J'ai dit, je crois, le mot printemps; mais non, il n'y a pas de printemps, car tout ici est extrême, tout est violent.... Hier, je m'enveloppais dans mon manteau de fourrures et j'avais froid; aujourd'hui j'ai une robe de mousseline et je demande de l'eau glacée pour étancher ma soif.

Dans nos contrées il y a le soir, la nuit, le jour et l'aube; la nature a tout prévu, tout tempéré, tout adouci, pour protéger les organes de l'homme. Ici tout se produit par secousses, tout se manifeste avec excès ou avec parcimonie. Le soleil ne réchauffe pas, il brûle et il ne quitte pas le firmament; ses rayons, qui sont des flammes ardentes, dévorent la rosée et l'empêchent de rafraîchir le sol.

Pourtant je dois avouer que Bérésov n'est pas une ville tout à fait désagréable. Ce n'est plus l'enfer de la Sibérie; celui-ci a été transporté à Nertchinsk et dans les marais de la Léna.

4 *juin*. — Bérésov a pris un air de fête et de coquetterie; on dirait que la nature se défie d'elle-même et qu'elle se hâte de nous montrer ses trésors. Les mélèzes s'épanouissent dans un vert tendre du plus doux effet; la terre, fertilisée par la fonte des glaçons, atteste sa force par la plus belle végétation. Le débordement de la rivière arrose les saules, en respectant leur cime; la vue de cette grande plaine liquide d'un bleu foncé est quelque chose d'admirable, et au-dessus de tout cela, Bérésov s'élève en étages sur une colline abrupte. Certes, ce spectacle ne manque pas de poésie; poésie

plus sévère que mélancolique, beauté plus sauvage que douce pour le regard.... Enfin, c'est la nature dans ses caprices les plus étranges et les plus inexplicables.

Une multitude de navires et de bateaux dont la mâture est ornée de banderoles aux mille couleurs attendent le signal pour aller faire la pêche dans le golfe de l'Obi. Des canots sillonnent la rivière, ils vont approvisionner les embarcations.

Le mari de notre hôtesse, très-brave homme, quoique Cosaque, se disposait à partir pour la pêche. Le départ de ce vieillard, les dangers qu'il allait affronter étaient une cause d'anxiété et de tristesse pour sa famille.

Une de nos chambres était ornée d'une image de la sainte Vierge, de plusieurs saints et de quelques petits tableaux de piété, tous encadrés dans une étoffe dorée ou argentée. Le vieillard nous fit demander la permission d'entrer chez nous, permission que nous lui accordâmes de grand cœur; il vint donc, suivi de sa femme et de ses enfants; dès qu'ils furent là, ils s'agenouillèrent devant les images, puis, à plusieurs reprises, ils se prosternèrent le front contre terre; quand ils se relevèrent, leurs visages étaient inondés de larmes; le père cherchait à modérer sa douleur, mais la mère, mais les enfants n'avaient ni la force ni le courage de se contenir.... C'était navrant à voir! Kozloff, c'est ainsi que se nommait le vieillard, Kozloff, avant de nous quitter, nous recommanda aux soins de sa femme ! Y a-t-il rien de plus touchant que le souvenir dans un cœur désolé ! Pauvres êtres à qui la vie a tout refusé et qui ont en leur âme un foyer d'ardente sensibilité et d'exquise délicatesse ! Certes, l'éducation est un fait immense dont je ne conteste pas les bienfaits. Par l'éducation on peut tout savoir ou avoir des semblants de tout, même d'esprit, même de bonté ; mais au-dessus de tout ce qu'on apprend, il y a ce qui vient d'en haut, et c'est ce que possédait si bien Kozloff, qui, presque sauvage, ignorant les choses de convention, la règle, la discipline, les usages, les lois les plus élémentaires du monde, savait être bon, comme le sont les vrais et les inspirés !

5 *juin.* — La bise du nord commence à nous rafraîchir un peu ; nous respirons, nous ne sommes plus dévorés par les cousins.

Nous sommes sorties pour explorer la ville et les environs, que nous ne connaissons pas encore. Les rues ne sont pas pavées, on communique d'une maison à l'autre au moyen d'une planche, quand il pleut ou quand la rivière déborde ; en conséquence les chemins sont impraticables pour les chevaux et les voitures, on se transporte donc à pied quelque tel temps qu'il fasse. La ville ne possède rien, ni boutiques, ni marché, c'est un désert, et les approvisionnements indispensables arrivent du dehors. Dans tous les pays, même les plus arriérés en civilisation, il y a des routes plus ou moins tracées; ici, rien de semblable; il semble que ce pays n'a été créé que pour les ours, les renards et les écureuils. Personne n'a eu pitié des hommes, personne n'a eu souci de leur bien-être. Pour communiquer d'un lieu à un autre, quelles que soient les nécessités du moment, il faut attendre que le sol couvert de neige vous permette de vous transporter dans des traîneaux attelés de rennes.

Bérésov compte deux cents maisons tout au plus; ces constructions en bois ont un rez-de-chaussée, une cuisine, des hangars, et, à l'étage supérieur, des chambres d'habitation.

La ville possède deux églises, je crois l'avoir dit; elles sont assez artistement bâties, moitié pierre et brique; l'une s'appelle Spaska, l'autre Zaroutschaïna; cette dernière, située dans une charmante position, est cachée, pour ainsi dire, par des bouquets de vieux mélèzes : cet arbre était en grande vénération dans la tradition païenne des Ostiaks. Aujourd'hui encore, et malgré les lumières du christianisme, le mélèze est particulièrement respecté.

Deux cimetières avoisinent l'église de Spaska : l'un est destiné aux riches et aux nobles; les tombes qu'il renferme sont en marbre, en bronze

Bérésov, église de Spaska.

ou en pierre.... L'autre cimetière, celui des pauvres, c'est-à-dire la fosse commune, est protégé par un bois frais, touffu, plein d'ombre et de mélancolie. Alexandre Menschikoff ce dévoué, ce favori de Pierre Ier avait été enterré dans le cimetière de Spaska, revêtu de ses habits de cérémonie et de ses insignes, comme cela se pratique dans le Nord.

Il y a déjà quelques années, on procéda à l'exhumation du corps, qu'on trouva dans un état parfait de conservation; les étoffes mêmes et les dorures, n'avaient souffert aucune altération. Ce phénomène, le même qui a conservé intacts dans les Toundras les cadavres des mammouths et des rhinocéros antédiluviens, est produit par la glace qui préserve de tous les miasmes extérieurs. Ici la terre ne dégèle jamais à une certaine profondeur. Après l'exhumation, on replaça le cercueil dans la même fosse, entouré de glaçons plus durs que la pierre. Un monticule en terre, une simple clôture en bois furent les seuls signes distinctifs de cette tombe. Un homme qui avait rempli le monde de sa renommée, qui issu du rang le plus obscur, s'élanca à la cime des grandeurs, un homme qui se fit prince en posant sa famille sur les marches d'un trône, un homme enfin qui a tout osé, tout conquis par la force de son ambition et l'habileté de son caractère, repose aujourd'hui dans un pays sauvage, entre des glaçons et un peu de terre! Sa tombe, comme celle des réprouvés, n'a ni un nom, ni une date pour la faire reconnaître, point d'épitaphe..., l'oubli, c'est-à-dire deux fois la mort!

On montre encore à Bérésov l'emplacement où s'élevait une petite maison habitée par Menschikoff et située près de l'église de Spaska. L'incendie de 1798 détruisit la maison et une partie de la ville. Les traditions du pays disent que Menschikoff était devenu pieux et qu'on l'avait nommé marguillier de la paroisse. S'il s'était fait pieux par conviction ou par nécessité, il s'était aussi rendu simple et accessible; il se livrait volontiers aux plus durs travaux et se servait de la pioche et de la hache comme un pauvre paysan. Les traditions ne s'arrêtent pas là, et elles rapportent que dans le cimetière il y a deux tombes qui renferment les restes de deux enfants qui avaient appartenu à la fille de Menschikoff.... Personne n'a jamais vu ces tombes.... Le prince Dolgoroukoff et le comte Ostermann sont morts à Bérésov, sans laisser une trace, un seul souvenir de leur passage ici bas.... Eux aussi ont expié leur grande et injuste fortune.... L'église conserve encore cependant le missel que la princesse Olga Dolgoroukoff offrit au curé de Bérésov, lors de son passage en cette ville.

La ville de Bérésov est gardée par quelques Cosaques, qui remplissent les fonctions de gendarmes; mais, comme l'ordre n'est jamais troublé et que leur assistance est parfaitement inutile, ils se livrent au négoce, eux et leur petite famille.

Bérésov possède une école primaire divisée en deux classes, je ne sais pourquoi; car dès qu'un enfant sait lire et écrire, on en fait un commerçant.

Indigènes, mœurs et coutumes.

Le district de Bérésov a une étendue de trois mille kilomètres; à l'est, il touche au gouvernement de Yéniséïsk; au sud, au district de Tobolsk; à l'ouest, à la chaîne des monts Ouraliens, et au nord, à l'océan Glacial. Eh bien! cette immense étendue de pays compte à peine quinze ou vingt mille habitants; aussi les champs sont incultes, l'agriculture est nulle, et on regarde comme une rareté les choux, les radis, les navets, qu'on cultive à Bérésov, à Bérésov seulement; les chaleurs, toutes violentes quelles sont, ont si peu de durée, que les légumes ne peuvent pas arriver à maturité. Cette grande ressource du pauvre, les pommes de terre sont presque inconnues dans ces contrées.

La population est loin d'être homogène, elle se compose d'éléments divers dont l'origine remonte à la conquête d'Yermak, qui jeta dans le pays une foule d'aventuriers. On voit jusqu'à des Kalmouks venus des frontières chinoises.

Les Cosaques sont indolents, paresseux; leurs fonctions leur imposent peu de devoirs, et ces devoirs leur pèsent; leur existence oisive a développé chez eux une faiblesse de caractère dont on ne peut se faire une idée. Ainsi, j'ai vu des jeunes gens de vingt ans qui pleuraient comme des enfants parce qu'on leur avait servi le thé un peu plus tard que de coutume.

Inhabile au travail, adorant par-dessus tout le *farniente*, la population se nourrit de gibier et de poisson, pour n'avoir pas la peine de cultiver les champs. Quant à l'argent, il vient par le négoce : les Bérésoviens font avec les Ostiaks et les Samoyèdes un trafic d'échanges fort avantageux.

1er *juillet.* — L'océan Glacial nous envoie des bouffées de vent qui ont chassé les cousins, mais les moucherons tiennent bon et sont presque aussi insupportables; malgré cela nous avons fait une excursion en forêt et sur les bords de la rivière. Nous avons visité, autant que cela se peut, les huttes des Ostiaks; le peu qu'il leur faut pour vivre sera toujours pour nous, Européens, un perpétuel étonnement. Les Ostiaks vivent et meurent dans ces huttes infectes, et nous, malgré l'intérêt de curiosité, nous ne pûmes rester plus d'une minute dans ces habitations qui répandent des miasmes putrides; on le comprendra quand je dirai que les Ostiaks ont pour premier vêtement une couche de graisse

Ostiaks dans leur intérieur.

rance qui recouvre leur peau, et par-dessus une peau de renne. Ils mangent tout cru, poisson ou gibier, c'est leur nourriture ordinaire; mais de temps à autre, ils viennent à Bérésov, munis de grands seaux d'écorce d'arbre, pour recueillir le rebut des cuisines dont ils font leurs délices.

L'été à Bérésov.

Nous atteignons à peine le milieu de l'été et déjà l'automne se fait sentir; les feuilles jaunissent et les fleurs meurent sous la gelée de la nuit. Les eaux qui s'étaient retirées avancent à pas de géant, et toute la nature reprend son âpre tristesse.

Un jour après avoir écrit mes lettres, qui devaient partir le lendemain, j'ai senti le besoin d'une solitude absolue et je suis allée faire une promenade dans la forêt; ma pensée était si loin de là que je me suis égarée; errant à l'aventure, j'ai fini par remonter un ruisseau et me suis guidée en suivant ses sinuosités. Pendant que je cherchais mon chemin, j'ai rencontré deux Ostiaks qui accomplissaient leurs devoirs religieux; voilà en quoi cela consiste : ils se placent devant un arbre, un mélèze plus particulièrement et dans le lieu le plus écarté et le plus touffu de la forêt; là, se croyant en sécurité et loin de tous les regards, ils se livrent à des contorsions d'épileptique, ils remuent les jambes et les bras, ils se démènent comme des possédés. Ces démonstrations païennes leur sont défendues; mais malgré le christianisme qu'ils ont accepté, ils sont et resteront païens.

J'avoue que j'ai été prise de terreur en me voyant face à face avec ces Ostiaks qui pouvaient me tuer, me sacrifier à leurs dieux infernaux pour que je ne révélasse pas leur secret. Ils m'ont laissée passer et j'ai regagné Bérésov, en jurant que je ne serais plus si brave à l'avenir. Quoi qu'il en soit, j'ai échappé providentiellement à un grand danger; on m'a raconté qu'une femme qui, comme moi, s'était aventurée trop avant dans la forêt, avait disparu à tout jamais.

Le temps est sombre, pluvieux et les jours diminuent : je suis forcée d'allumer ma lampe au milieu de la journée. Je fais de la tapisserie, cela n'empêche pas de penser et cela occupe, puis j'ai la ressource d'une bibliothèque assez considérable et composée de livres russes, polonais, français et allemands. Un Polonais exilé, comme nous, le comte Pierre Moszynski, a laissé cette bibliothèque en quittant Bérésov; aujourd'hui elle appartient à la ville et se trouve à la disposition des habitants du lieu et des exilés.

Nous venons d'apercevoir des Samoyèdes qui viennent des bords de la mer Glaciale pour acheter de l'eau-de-vie, qu'ils aiment par-dessus tout.

Les Samoyèdes sont plus grands de taille que les Ostiaks ; ils ont les cheveux et les yeux noirs ; leur

Samoyèdes du golfe de l'Obi.

tête est rasée, sauf le sommet qui est orné d'une touffe de cheveux ; dès que leur barbe commence à pousser, ils l'arrachent jusqu'au jour où leur menton devient parfaitement lisse. L'idiome des Samoyèdes n'a aucun rapport avec celui des Ostiaks, mais comme ceux-ci ils sont vêtus de peaux de renne.

Les femmes portent des ceintures de cuivre doré et des perles de couleur ; elles ont à la hauteur du coude des espèces de bracelets auxquels pendent des grelots. Les Samoyèdes sont païens, ils adorent le soleil, la lune, l'eau et les arbres ; en un mot, ils font une divinité de tout ce qui frappe leurs yeux ; ces croyances grossières ne les défendent pas d'une extrême superstition.

La gelée d'aujourd'hui ressemble à celle que nous avons en Pologne au mois de décembre. Les bateaux pêcheurs rentrent chargés de poisson, qu'on vend ensuite aux négociants de Tobolsk.

J'ai assisté aujourd'hui à la fête du *chou :* c'est une solennité qu'on célèbre ici tous les ans à la même époque Chaque famille, aidée de ses voisins, se met en devoir de hacher des choux ; quand cette première préparation ne laisse plus rien à désirer, on la couvre de gros sel, ensuite on la met dans des pots qu'on descend à la cave. Les vivres sont assurés pour l'hiver. Le soir de ce grand jour on prend le thé et on soupe en compagnie, puis on danse ; mais quelle danse ! Il faut l'avoir vue pour y croire ; on danse sans musique, c'est-à-dire pour le seul plaisir de se fatiguer.

La terreur s'est emparée tout à coup des habitants de Bérésov. Un bourgeois de la ville, qui était allé à la chasse, en est vite revenu au comble de l'effarement et disant qu'il avait vu un ours noir dévorant une vache noire; aussitôt on a mis toutes les vaches noires en lieu sûr.

Les Bérésoviens, ceux qui sont doués de quelque courage, luttent avec les ours à coups de fusil ou de hache; cependant on emploie plus généralement un grand couteau à large lame bien effilée. Armé ainsi, on se présente devant l'animal, qui reste immobile, fasciné qu'il est par le regard du chasseur. mais bientôt l'ours se met sur ses pattes de derrière pour se jeter sur sa proie; c'est le moment propice; il ne faut ni attendre ni hésiter une seconde; le chasseur se précipite et enfonce son couteau dans le ventre de l'ours: quand l'animal est abattu, on prend sa peau et on dépèce sa chair pour la manger. Les Ostiaks coupent les quatre pattes de l'ours pour en faire hommage à leurs divinités; ils croient ainsi avoir expié le crime du sang répandu.

Une neige épaisse couvre déjà toute la contrée. Les habitants ont l'aspect d'un troupeau de bêtes; depuis la tête jusqu'aux pieds, ils sont couverts de peaux de renne, le poil en dehors; selon l intensité du froid, le poil est en dedans ou en dehors. Le costume (qui ressemble à celui des Ostiaks) se compose de deux vêtements; on nomme le premier un *maltza*, et le second *parka*. Ces vêtements enveloppent complétement et laissent seulement une petite fente pour les yeux, une autre pour la bouche et deux autres pour les oreilles. Avec de pareilles précautions, on peut affronter un froid de cinquante degrés. La rigueur de la température n'est donc point pour les indigènes une cause de mort ou de maladie; si par aventure la bouche ou les oreilles se trouvent gelées, on frotte la partie atteinte avec de l'eau-de-vie froide, et bientôt, sauf une légère rougeur, il ne reste plus trace du mal.

Les femmes ostiakes portent un costume qui diffère peu de celui des hommes, sauf le voile qu'elles ne quittent pas et qu'elles ne lèvent jamais devant le père et le frère aîné de leur mari ; en présence des étrangers, elles n'observent pas cette règle. Quant à leur costume de fête, il est tout à fait féminin : les femmes ostiakes ont, en général, de longs cheveux, qu'elles divisent en larges tresses et qui tombent jusqu'aux talons; dans ces tresses, elles mêlent des rangs de perles qui se terminent par une espèce de médaille grande comme une pièce de cinq francs. Elles portent des jupons de drap rouge ou d'une autre couleur voyante ; par-dessus le jupon, elles ont un corset de drap de nuance claire, et tout autour de la ceinture, des grelots, qui produisent un son argentin à chaque mouve-

Chasse à l'ours dans le nord de la Sibérie.

ment qu'elles font; ce qui donne à ce costume un aspect pittoresque, c'est un long voile rouge garni de bandes bleues et qui enveloppe tout le corps sans enlever la grâce du mouvement. Ce voile s'appelle un *vakschéni*. Hommes et femmes ostiaks se tatouent avec de la couleur bleue, ainsi que cela se pratique dans l'Amérique du Nord. Cette similitude d'usage ne prouve-t-elle pas qu'il y avait entre ces peuples des relations antérieures à la découverte de Christophe Colomb ?

J'ai oublié de dire qu'après la tombée de la neige des Ostiaks ont amené dans la ville un troupeau considérable d'ours gris; ces animaux ont l'air presque doux et inoffensifs; leur peau est destinée au commerce des fourrures.

Quand un Ostiak voit une femme qui lui plaît, et s'il l'aime sérieusement, il s'adresse d'abord aux parents, et selon la fortune qu'il possède, il paye une somme qui lui donne immédiatement le droit d'emmener cette femme et de la considérer comme son épouse légitime. La somme en question varie depuis cinq à six francs, jusqu'à cent à deux cents francs, selon la richesse de l'époux et selon le mérite de l'épouse. Quant au mariage chrétien on s'y soumet selon ses convenances ou la possibilité.

Les lumières du christianisme pénètrent lentement dans l'esprit de ces peuples sauvages ; la religion a si peu de puissance, qu'un Ostiak, après avoir reçu le baptême, conserve souvent ses coutumes païennes. Presque tous les Ostiaks portent sur eux l'image grossière des divinités qu'ils adorent, sous le nom de *Chaïtan*, le mauvais ange des peuples du Sud; ce qui ne les empêche pas d'avoir sur la poitrine une petite croix en cuivre. Le *Chaïtan* représente la figure humaine, sculptée en bois ou plutôt taillée dans un morceau de bois. Ce fétiche est de différentes grandeurs, selon le prix et selon l'usage qu'on lui destine ; celui qu'on porte sur soi est petit, celui qui décore la maison est plus grand, mais dans toutes les circonstances, il est recouvert de sept chemises brodées en perles, puis on lui attache au cou des monnaies d'argent. Il a la place d'honneur dans les huttes, dans les chaumières, et avant de commencer le repas, on a bien soin de lui offrir le meilleur morceau, en lui barbouillant les lèvres de poisson ou de gibier cru ; ce devoir sacré étant accompli, on mange en sécurité.

Les Ostiaks ont des prêtres, appelés *Chamans*, qui jouissent d'une énorme influence, qu'ils entretiennent à l'aide de momeries grossières et dans un but d'intérêt personnel. Hélas ! ce n'est pas seulement en Sibérie que l'ambition et l'égoïsme peuvent se passer de science et de lumières pour corrompre les hommes !

Troupeau d'ours gris conduit à la boucherie de Bérésov.

L'hiver. — Les traineaux.

5 *octobre.* — La nuit est close à quatre heures du soir, et la gelée monte déjà à trente degrés Réaumur (37° cent^{s}); mais c'est l'ordinaire de ce climat. Un des habitants de Bérésov est venu avec son traîneau pour nous engager à faire une promenade; nous avons accepté son offre avec plaisir.

La renne est de la grandeur d'un veau de deux ans, et il ressemble à cet animal par le pied et par le museau; le reste de son corps a quelque rapport avec la biche, mais les jambes sont encore plus élancées et plus fines; ses cornes sont plus longues que celles du cerf, et son poil varie du blanc au bai clair, ou parfois il est mélangé de l'un et de l'autre. Le renne est élégant dans ses mouvements, et ses allures sont charmantes; comme le cerf il perd son bois tous les ans, mais chaque fois aussi il repousse avec une branche de plus. A l'époque où son front se dépouille, l'animal devient faible et incapable de travailler.

Les traîneaux s'appellent *nartas;* ils sont généralement attelés de trois rennes. Une courroie qui passe sous le ventre de l'animal est fixée au traîneau; une seule guide, attachée aux cornes, suffit pour diriger l'attelage; le cocher tient à la main, en guise de fouet, une longue baguette de trois mètres, ferrée à l'extrémité, et qui lui sert à arrêter ses rennes plutôt qu'a les stimuler. Ces animaux ont le pied si sûr et si léger, qu'ils se maintiennent, sans jamais s'enfoncer, sur la surface de la neige, et qu'ils se frayent leur chemin sans qu'il soit nécessaire de les conduire dans les routes battues.

La rapidité de leur course est fabuleuse; ils montent les collines les plus escarpées, ils les descendent sans se reposer ou sans ralentir le pas; on peut les arrêter au milieu de la pente la plus escarpée, sans qu'il y ait le moindre inconvénient

On n'a pas à s'occuper de la nourriture de ces pauvres animaux : ils broutent le lichen qu'ils trouvent sous la neige; quand ils ont faim, ils se débarrassent du traîneau et vont à la recherche de leur plante favorite, et quand leur repas est terminé, ils reviennent sans qu'il soit besoin de les rappeler, reprendre la courroie. Courageux et durs à la fatigue, ils peuvent faire trente kilomètres sans reprendre haleine; quand ils se sentent à bout de forces, ils se couchent sur la neige, se reposent un certain temps, et reprennent leur course avec la même ardeur; mais si un conducteur brutal veut les forcer à marcher quand ils ont besoin de repos, ils deviennent inflexibles, et se feraient tuer sur place plutôt que d'obéir. On dit la même chose des attelages de chiens qui remplacent les rennes dans l'est et le nord-est de la Sibérie.

Les rennes ne supportent pas la chaleur : aussi,

dès le mois d'avril ils se dirigent vers les monts Ourals, où les neiges sont éternelles. Les individus auxquels ils appartiennent les marquent d'un signe particulier au moment de leur départ. Cela fait, on les abandonne, et ils ne manquent jamais de revenir au gîte à l'approche de l'hiver.

La peau des rennes est très-appréciée, on l'emploie à différents usages; leur viande est savoureuse, et la langue surtout est très-estimée des gastronomes : c'est un mets qu'on sert sur les grandes tables, à Pétersbourg, à Moscou, aussi bien qu'à Tobolsk.

Notre excursion m'eût été agréable sans la rigueur du froid, et malgré mes fourrures et mes ouates, j'ai beaucoup souffert, tout mon corps était engourdi; mais après quelques heures, la bonne température de ma chambre m'a complétement remise.

Les traîneaux dont on se sert pour un long voyage ont la forme d'une boîte; l'intérieur est garni de lits de plume et de fourrures, les petites ouvertures ménagées pour renouveler l'air sont fermées par des rideaux épais. On voyage non assis, mais couché, et aussi commodément que si on était dans son lit. Les Sibériens n'admettent pas une autre façon de voyager.

8 *décembre*. — Les fenêtres ici n'ont point de vitres, elles sont remplacées par une peau de poisson

préparée pour cet usage. Cette peau est un préservatif contre le froid, le vent, et permet d'enlever plus facilement la glace, mais cela rend les appartements tristes, sombres, et empêche de voir au dehors.

Nous sommes à l'époque des plus longues nuits, le jour dure trois heures, on a des transports de joie quand on aperçoit le soleil, mais il se couche si vite qu'on n'a pas le temps de se réchauffer à ses rayons; il ressemble un peu trop au bonheur de cette vie.

Ici, il n'y a pas d'horloges, il n'y en a même pas dans les églises. Le bureau de police, car il y a une police s'il n'y a pas d'horloges, le bureau de police possède un primitif sablier pour marquer les heures; un Cosaque a pour fonction de retourner le sablier à chaque demi-heure ; cela fait, il se dirige vers l'église et frappe sur la cloche, avec un marteau, autant de coups qu'il en faut pour indiquer l'heure. Cet homme se tire assez bien de son emploi pendant le jour, mais la nuit il se perd dans ses calculs, et je me rappelle que, dans une nuit d'insomnie, j'ai compté jusqu'à quarante cinq heures; j'ai supposé qu'il était minuit.

Pour abréger les longues soirées d'hiver, il y a des hommes dont l'état, la position sociale est d'aller d'une maison à l'autre pour conter des histoires, des légendes et des fables. Ces espèces de bardes ne manquent pas d'éloquence; l'un d'eux est venu hier chez moi; j'ai retenu son récit, et je vais le rapporter : cela amusera mes enfants, si jamais ils lisent le journal de mon exil.

Conte ostiak.

Un jour, sept Ostiaks se réunirent pour aller faire une chasse; chacun avait attelé trois rennes à son

Chasseur ostiak, dans les bois.

traîneau, et chacun s'était muni de quelques vivres, sans toutefois se préoccuper beaucoup de ce genre de provisions, car ils pensaient que le gibier qu'ils devaient tuer, à coup sûr, suffirait à leurs besoins.

Vain espoir! Pendant trois jours consécutifs la chasse fut toujours malheureuse; mais si les chasseurs s'attristaient de leur maladresse, ils ne se décourageaient pas, et tentaient la fortune pour n'avoir pas la honte de rentrer chez eux les mains vides. Le butin était bien un triomphe d'amour-propre, mais surtout une nécessité, car les familles des sept chasseurs étaient dans l'indigence.

Parcourant la forêt dans tous les sens, ils se trouvèrent en vue d'une vaste plaine d'une aridité effrayante; pas un brin d'herbe, pas un arbre ne se montrait à la surface de ce terrain. Les chasseurs demeurèrent stupéfaits; ils connaissaient bien le pays, et ils n'avaient encore rien vu de semblable; ils convinrent de traverser la plaine pour découvrir soit un ruisseau, soit quelque végétation, soit enfin une hutte ou une cabane; mais ils avançaient, ils avançaient, et l'aspect ne changeait pas: la faim, la soif se faisaient sentir et les provisions étaient presque épuisées; ces mâles visages, ces natures faites pour la fatigue exprimaient la plus profonde détresse; ces hommes aux cœurs forts et courageux poussaient des cris d'angoisse! « Qu'allons-nous faire? dirent-ils, irons-nous en avant ou retournerons-nous sur nos pas pour rentrer sous notre pauvre toit plus misérables que nous n'en sommes partis ? »

Pendant qu'ils tenaient conseil, ils aperçurent à l'horizon une trombe de neige poussée par un vent furieux.

« Nous allons périr, dirent les chasseurs, il n'y a aucun abri, aucun espoir de salut ! — La neige va nous ensevelir, reprit l'un d'eux; mais quand la trombe aura passée, nous pourrons revenir à la surface, en travaillant tous les sept des pieds et des mains. » A peine ces paroles étaient-elles prononcées, que les chasseurs virent devant eux un géant grand comme un mammouth antédiluvien, et qui portait dans sa main un arc gigantesque. J'oubliais de dire que le géant était monté sur un traîneau.

« Où allez-vous ? que faites vous-là ? dit l'être surnaturel d'une voix tonnante.

— Nous tentons le hasard de la chasse, répondirent les chasseurs, mais le malheur nous poursuit et nous n'avons trouvé ni bois ni gibier.

— Dirigez-vous vers l'orient, reprit le géant; quand vous verrez trois grands mélèzes et une grosse pierre placée à côté du tronc pourri d'un chêne séculaire, la fortune viendra à vous, le gibier vous surprendra par sa beauté, sa variété, son abondance.

— Mais comment arriverons-nous à l'endroit indiqué ? dirent les chasseurs; nous sommes désorientés, perdus; nous ne voyons qu'une nappe de neige interminable. »

Le géant tira une flèche au fond de son traîneau, l'ajusta à son arc, la lança dans l'espace et dit : « Suivez la trace qu'elle aura marquée. »

Les chasseurs obéirent, ils suivirent la direction de la flèche et arrivèrent à l'endroit où cette flèche était fixée dans la neige. Tous se précipitèrent pour s'emparer le premier du talisman, mais la forcedes sept hommes ne put parvenir à le déraciner. Il faut dire que la flèche était proportionnée à la main qui l'avait lancée.

Après la première émotion, les chasseurs se prirent à regarder autour d'eux. Qu'elle ne fut pas leur surprise en apercevant les trois mélèzes, la grosse pierre et le tronc d'arbre! Bientôt toutes les prédictions du géant se vérifièrent, car ils ne tardèrent pas à voir surgir de toutes parts une immense quantité de gibier. Un coup de fusil tiré au hasard abattait un renard ou une hermine. Peu d'instants s'écoulèrent avant que les sept traîneaux eussent peine à contenir le brillant produit de cette chasse facile.

Les chasseurs pensèrent alors qu'il serait prudent de regagner leur gîte avec un si riche butin; mais en se voyant à l'endroit même où ils avaient fait la rencontre du géant, ils s'arrêtèrent et se demandèrent si la reconnaissance ne leur commandait pas d'aller remercier leur bienfaiteur; la chose était possible, car on distinguait sur la neige les sillons du traîneau qui avait emporté le géant.

Ils suivirent cette direction; chemin faisant ils rencontrèrent encore le plus beau gibier ; mais ils ne voulurent pas s'arrêter, tant ils étaient empressés de contempler leur sauveur. Enfin, l'asile sacré leur apparut, et le géant, comme un simple mortel, vint à leur rencontre, suivi de son épouse et de son père; après les salutations réciproques, le géant sortit un moment, tua quatorze rennes, et ordonna à sa femme de les préparer le mieux possible pour le souper, mais il commença par en détacher les têtes et les offrit aux chasseurs. Les Ostiaks sont très-friands de ce régal; cependant les chasseurs témoignèrent un grand étonnement en voyant les apprêts du souper, et dirent modestement qu'ils ne pourraient pas manger tout ce qu'on leur servait. « Vous ferez comme vous l'entendrez, répondit le géant; moi je n'ai rien changé à mes habitudes; ce que vous voyez là est mon ordinaire. » Les chasseurs, malgré la capacité de leur estomac, ne purent aller au delà de deux rennes; mais leur sobriété trouva sa récompense, car le géant fit mettre dans les traîneaux les restes du souper.

Au moment d'aller se coucher, le géant fit apporter un grand nombre de fourrures, toutes plus belles les unes que les autres, puis il les offrit courtoisement aux chasseurs, en disant : « Je veux que vous dormiez sur ces fourrures, et demain vous les emporterez avec vous. »

Quand le jour fut venu, les chasseurs se présentèrent devant le géant pour le remercier encore de sa généreuse hospitalité. Toute la famille était réunie; le vieux père prit la parole et dit à son fils le géant : « Laisserez-vous partir ces étrangers sans leur donner quelques témoignages de votre munificence? » Le géant s'empressa d'obéir à son père, il prit un lacet d'une longueur démesurée, le montra aux chasseurs et leur dit : « Je vais prendre des rennes; autant il en tiendra dans mon lacet, autant je vous en donnerai. » Cela dit, il sortit sans quitter l'avenue de son palais. Un coup de sifflet se fit entendre, c'était le géant qui appelait les rennes, et les rennes accoururent, et il les attrapait soit par les cornes, soit par les jambes; quand il en eut trente, il les distribua aux chasseurs ; ceux-ci se confondirent en remercîments, puis ils partirent.

En cheminant, ils firent rencontre d'un troupeau de rennes de la plus rare espèce. « Ah! les belles bêtes! » s'écrièrent-ils. Puis l'un d'eux, plus hardi que les autres, osa proposer à ses compagnons de voler les rennes, ou au moins d'en prendre quelques-uns. « Celui à qui ils appartiennent, dit-il, ne s'en apercevra pas; il est riche, il est heureux, notre conscience sera tranquille.

— La même pensée me venait, dit un autre.

— Où peut-il cacher ses trésors? reprit un troisième, car ses trésors doivent être à l'avenant de ses rennes.

— C'est singulier, ajoute le quatrième, je songeais à cela.

— En effet, reprennent le cinquième et le sixième, vous avez tous cent fois raison, et quel mal ferions-nous en prenant quelques rennes? Celui qui possède tant de choses a plus de bonheur qu'il n'en mérite; rendons-nous la justice qu'on nous refuse, prenons! » Et ils se mirent à voler tous les rennes qu'ils purent attraper.

« Camarades, vous allez commettre un crime, dit le septième chasseur : ingrats et voleurs, c'est trop à la fois; on vous a comblés de bienfaits; vous avez de quoi nourrir vos femmes et vos enfants pendant six mois au moins, et vous êtes encore possédés du démon de la convoitise! ne souillez pas vos mains.

— Nous ne voulons ni de ta morale ni de tes conseils, s'écrièrent les chasseurs.... Allons, à l'œuvre, et que celui qui nous blâme nous laisse en paix.

— Oui, je m'éloignerai de vous; mais avant de m'éloigner, je vous supplie encore de penser à vos enfants, car votre crime retombera sur eux.

— Nos enfants seront plus riches, c'est là l'important, et les tiens seront toujours pauvres.... Sauve-toi, ajoutèrent les voleurs, ou sinon nous t'assommerons : nous serons plus sûrs de notre secret. »

L'honnête homme réunit les rennes qui lui appartenaient légitimement, fit marcher son troupeau devant lui et partit la conscience tranquille, mais le cœur triste.

Quand les voleurs furent délivrés d'un témoin importun, ils s'emparèrent de trois cents rennes, et les rapprochèrent de ceux qu'ils avaient déjà, pour mieux cacher leur vol.

Tout en cheminant, s'arrêtant quelquefois pour voir si ses anciens camarades ne le suivaient pas, touchés peut-être par le remords ou par la peur; tout en cheminant, le brave Ostiak réfléchissait. « Ils étaient honnêtes, se disait-il, et un moment à suffi pour les rendre criminels. La richesse rend-elle malheureux ? rend-elle plus heureux? je ne le crois pas. J'ai vu des pauvres partager leur dernier morceau de pain, et je n'ai jamais vu des riches partager leur fortune.... » Tout à coup il fut tiré de ses réflexions par un bruit sourd, étrange, et qui ressemblait à un tremblement de terre.... Il s'arrête épouvanté, et voit devant lui le géant dont les yeux jetaient des flammes et dont la bouche écumait de rage. L'Ostiak aurait voulu être anéanti, il tremblait comme s'il avait été coupable.

« Je ne suis, dit-il au géant, ni un ingrat, ni un voleur! j'ai ce que vous m'avez donné, je suis assez riche de vos bienfaits, je n'ai pas un vol impie sur la conscience. » Ces simples paroles persuadèrent le géant, qui se mit à courir d'un pas désordonné dans une autre direction; il atteignit bientôt les véritables voleurs, et leur dit : « Vous avez abusé de ma bonté, vous êtes de lâches ambitieux, vous serez punis! » et en prononçant ces mots, il prit son arc et tendit la flèche dont j'ai déjà parlé; la flèche partit et les six voleurs furent percés à la fois.

Après cette exécution, le géant s'approcha de l'Ostiak et lui dit : « J'ai le pouvoir de punir les coupables, et j'ai assez de puissance pour récompenser la vertu. Tu as résisté à la tentation des richesses, tu as eu le rare courage de donner un bon conseil; tu auras le prix de ta bonne action, regarde : tout ce qui t'entoure est à toi; ces innombrables troupeaux t'appartiennent; possède sans crainte tes richesses et sois toujours honnête pour être digne de ton bonheur. »

L'auteur de la relation qu'on vient de lire, Mme Eve Félinska, rendue à sa famille et à sa patrie par une de ces amnisties qui suivent la naissance, le mariage ou la mort des souverains, ne survécut que deux ans à ses années d'épreuves. Elle a laissé un fils, auquel des capitulations de conscience ou des tergiversations de principes *méritèrent* d'abord le siége archiépiscopal de Varsovie, mais qui rappelé à ses traditions de famille par le martyre sanglant de sa patrie, a été lui-même récemment honoré d'une sentence de déportation dans les marais glacés de la Petchora.

Partie maritime du district de Bérésov.

Le district de Bérésov dont la superficie *égale celle de la France*, forme à peine *le tiers* du gouvernement de Tobolsk et *la vingtième partie* de la Sibérie actuelle. Les récits de Mme Félinska ne se rapportent qu'à la portion méridionale, privilégiée de cette vaste et triste solitude; la partie septentrionale qui porte nom d'Obdorié et forme le littoral du golfe de l'Obi et de la mer de Kara est plus triste encore; là tout le sous-sol est de glace et l'écorce terrestre accessible au dégel, n'a guère plus d'un pied d'épaisseur, même dans le plus long jour de l'été. On conçoit, ce que doit y être la végétation, elle se réduit aux joncs, à la ronce des marais; puis à quelques saules rampants et à des bouleaux nains.

Une relation toute récente, celle du capitaine Krusenstern, nous a fait connaître la population de cette affreuse contrée. Chargé par le gouvernement

Russe de faire l'hydrographie des côtes Sibériennes entre le détroit de Vaigatz et l'embouchure du Yénisséï, le navigateur vit son navire l'*Yermak* écrasé par les glaces de la mer de Kara et eut grand'peine à atteindre le continent, en flottant, avec son équipage, de glaçons en glaçons. Nous lui empruntons la dernière partie de son curieux récit :

« .... Rester où nous étions, c'était la mort, il fallait plutôt tout risquer. J'ordonnai donc à mes hommes de gagner la terre, comme ils le pourraient, allant autant que possible deux ou trois ensemble pour retirer de l'eau celui qui viendrait à y tomber. Nous nous séparâmes. Notre devise en ce moment fut « chacun pour soi, Dieu pour tous. »

Le maître d'équipage et deux matelots gagnèrent les premiers la terre, et leur hourra éclatant retentit dans la nuit, répété par les échos des montagnes. A huit heures, nous étions réunis sur la côte, mouillés, affamés, sans rien pour faire du feu, mais déjà réchauffés par la certitude que nous n'avions plus à craindre d'être emportés au large. Nous couchâmes serrés les uns contre les autres sur une petite hauteur, la plaine étant couverte de neige. Un fort vent d'ouest et le froid ne nous permirent pas de clore l'œil, malgré la fatigue. Au jour, quand nous nous levâmes, les pierres qui nous avaient portés n'étaient pas plus glacées que nos corps. Aussitôt qu'il fit un peu clair, chacun se mit à chercher du bois; on parvint à ramasser quelques buissons rabougris qui prirent feu avec difficulté, et je fis du café dans la théière : le café brûlant, quoique sans sucre, nous ranima un peu.

Le jour était venu. Un de nous prit la longue-vue et examina l'horizon; tout à coup il tressaillit et s'écria :

« Des tentes en vue ! »

Je saisis la lunette, et vis en effet à quatre où cinq verstes de notre campement les sommets de deux tentes. A l'instant même, j'envoyai quatre hommes et le maître Pankrator, armés de carabines, de piques et de revolvers, avec ordre d'entrer en communication avec ces gens par tous les moyens possibles. Heureusement, nos envoyés purent se dissimuler dans la vallée la plus grande partie du chemin, si bien qu'ils ne furent aperçus des tentes qu'au moment où ils escaladèrent la hauteur. Dès que les indigènes les virent approcher (c'étaient des Samoyèdes de la tribu des Karachins), ils s'élancèrent de tous côtés pour réunir leurs rennes et fuir avec eux; mais on ne leur en donna pas le temps. Nos gens se mirent à courir malgré leur faiblesse et purent les rejoindre à temps. Par signes, le maître d'équipage leur ordonna d'atteler trois traîneaux et d'aller vers la mer à notre rencontre, ce qui fut exécuté immédiatement avec beaucoup de bonne volonté. Ces traîneaux

L'équipage de *l'Yermak* apercevant un campement de Samoyèdes.

nous rencontrèrent à mi-chemin, et je puis vous avouer que jamais je n'ai fait, sur un véhicule de ce genre, course qui me fût plus agréable.

Ce fut une chance très-heureuse pour nous d'avoir atterri comme nous l'avions fait. Quoiqu'il y eût quelques autres tentes sur cette côte, comme nous l'apprîmes plus tard, elles étaient peu nombreuses et plus reculées dans l'intérieur ; nous aurions eu peut-être encore dix ou quinze jours de marche avant de trouver une habitation, car j'avais l'intention de suivre le bord de la mer, et dans cet intervalle il est probable que plus de la moitié de mes hommes aurait péri.

Pour tous, il était grand temps, sinon de trouver un abri, du moins d'avoir une nourriture plus substantielle. Un des Karachins fut dépêché à la recherche d'un interprète, qui arriva quatre heures plus tard. Par lui, j'appris que notre hôte était un très-riche habitant de ces contrées, et que, ce qui était plus important pour nous, c'était un homme très-loyal et très-bon ; son nom était Setch-Sirdetto ; il possédait trois femmes, sept mille rennes et six tentes. Il se montra tout disposé à nous conduire à la ville la plus voisine, c'est-à-dire à Obdorsk, qui était, d'après lui, à mille verstes du lieu où nous nous trouvions, et à l'instant même il commença à préparer les traîneaux et les provisions qui nous étaient nécessaires pour ce long voyage.

Dès notre arrivée, les Karachins nous prodiguèrent leurs mets les plus délicats, tels que gigots et filets de rennes, crus ou bouillis, langues et cervelles de rennes, du poisson cru, de la graisse d'oie fondue, etc. Ils avaient aussi un peu de thé et de sucre. Après avoir terminé notre festin de Lucullus, nous nous couchâmes dans la tente, bien chauffée, sur de moelleuses peaux de renne, et tous nos maux furent oubliés ; il nous sembla que nous étions dans le paradis.

Nous nous mîmes en route seulement le 19 septembre, et nous continuâmes, sans nous arrêter, à nous diriger au sud ; chaque jour nous appareillions à six heures du matin et nous dressions la tente le soir à sept ou huit heures.

Enfin le 1er octobre, à la chute du jour, nous arrivâmes au bord du fleuve Obi ; mais, à notre grand désappointement, il n'était pas encore gelé et charriait d'énormes glaçons : le traverser était impossible. Nous le côtoyâmes jusqu'à une bourgade ostiake, appelée les yourtes de Jonderski, où nous fûmes très-cordialement reçus par le chef Egor, d'une grande famille du pays, datant d'avant la conquête. Pendant mon séjour dans sa yourte, il ne songea qu'à me régaler. Bon gré, mal gré, six fois par jour il me fallut boire du thé, et au moins six tasses à chaque fois. Le lendemain de notre arrivée, il s'imagina de me faire avaler un mélange d'eau-de-vie et de jus de tabac; stupéfait de voir un grand chef tel que moi refuser un breuvage aussi distingué, il se grisa avec les anciens du village et les Karachins qui nous avaient conduits et tomba dans une grande chaudière pleine d'eau, enfouie au milieu de la yourte, où il eût péri sans notre secours.

Je fis la connaissance chez lui du prince des Ostiaks; prince médiatisé, comme on le pense bien.

La 5 octobre, nous traversâmes l'Obi et nous arrivâmes à Obdorsk, accompagnés d'une multitude d'Ostiaks de la suite du prince et du chef Egor, qui nous avaient suivis.

Je séjournai douze jours à Obdorsk. Le prince m'avait offert de nous conduire à travers l'Oural jusqu'au poste de Ziranski; il vint nous prendre le 17 octobre. Le voyage à travers l'Oural fut extrêmement difficile; sur le sommet de la chaîne, nous fûmes assaillis par une tempête de neige qui manqua de nous engloutir; pendant sept heures je désespérai de notre salut. Heureusement le vent diminua, et nous pûmes descendre vers la plaine.

Le 2 novembre, j'arrivai avec tout mon équipage à Yma. Après quarante-huit heures de halte, nous partîmes pour Kouia, à l'embouchure de la Petchora. Je fis faire en ce lieu tout ce qui était nécessaire pour l'hivernage de mes hommes que je laissai sous les ordres de mon lieutenant, M. Maticen ; puis je me dirigeai en traîneau vers Archangel.

En terminant ce rapport de notre infructueux voyage, je crois devoir ajouter que la pensée que j'avais eue de retourner en traîneau vers les débris de *l'Yermak* pour sauver les instruments, se trouva impossible à réaliser. La seule chose que j'aie pu faire a été de déclarer aux Karachins que, si des épaves de la goëlette étaient portées au rivage, ils pourraient se regarder comme légitimes possesseurs de l'eau-de-vie, de la poudre, du plomb, des effets, et de tous les débris du navire ; mais que s'ils recueillaient un coffre renfermant des objets dont ils ne comprendraient pas l'usage, ils devraient l'envoyer au chef d'Obdorsk, ce coffre étant la propriété du tzar. Ils m'ont promis de se conformer à mon désir. Les Karachins sont des hommes loyaux et bons, je ne doute pas qu'ils ne tiennent parole. Pendant la durée de mon voyage, j'ai recueilli beaucoup de renseignements sur les mœurs et les coutumes de ces populations, bien moins corrompues que les Samoyèdes du gouvernement d'Archangel, parce qu'elles n'ont pas encore de rapports avec nos marchands, qui apportent chez ces peuplades la civilisation européenne sous la forme de l'eau-de-vie. Vraisemblablement, avant de longues années, les richesses des Karachins, c'est-à-dire leurs troupeaux de rennes, auront passé dans les mains des Russes, comme les troupeaux des indigènes riverains de la Petchora sont déjà dans celles des gens d'Yma. »

L'aveu contenu dans cette dernière phrase est précieux de la part d'un officier russe.

CHAPITRE II.

L'IRTYCHE ET LE HAUT DE L'OBI.

Les parrains des fleuves. — Pêcheries de l'Irtyche. — Ostiaks Samoyèdes et Tatars du haut de l'Obi. — Notions complémentaires sur les chamans.

Les pêcheries de l'Irtyche.

En Asie comme en Amérique des nomades sauvages et d'ignares conquérants ont appliqué aux grands cours d'eau des dénominations que la géographie ne peut admettre sans protestations. Ainsi l'Irtyche, fleuve principal du bassin dont il fait partie et qui devrait porter son nom, a été dépouillé de son rang en faveur de l'Obi et rangé parmi les tributaires de cette rivière qui ne l'égale ni en longueur ni en masse d'eau.

De nombreuses pêcheries ont été établies par les colons russes sur ces deux courants rivaux, au-dessus de leurs confluents. Celles de l'Irtyche sont les plus importantes. On les remarque sur tous les points où les rives sablonneuses de ce fleuve viennent à s'élever au-dessus de la surface des eaux. Chacune de ces pêcheries, qui portent le nom d'*arteljes*, comporte dix personnes occupées tant à fabriquer les filets qu'à les tendre et à les tirer. L'artelje est pourvue de deux *chalons* (filets) qui, suivant les lieux, s'étendent sur une longueur de 500 à 600 mètres et au delà. Ces pêcheries, les plus importantes de l'Irtyche, sont en activité depuis la fin de juillet jusqu'au 1er octobre. On y prend des quantités considérables d'esturgeons et de saumons; ces poissons commencent à remonter le fleuve lorsque les eaux diminuent, et s'y montrent jusqu'à une époque avancée de l'automne. Dès les premiers jours du printemps, à peu près au moment de la fonte des glaces, le poisson redescend le courant. C'est alors que les Ostiaks commencent à tendre des filets sous la glace pour y prendre l'esturgeon ; mais la pêche n'a alors que peu d'importance.

Entourés de Russes et de Tatars, les Ostiaks ont perdu toute nationalité, toute individualité, jusqu'à celle de la langue. L'influence tatare est relativement faible, celle des Russes, au contraire, s'accuse fortement, dans la religion, dans les mœurs, dans les usages, dans la manière de sentir, et jusque dans l'attitude. La légère différence qui, néanmoins, distingne les Russes des Ostiaks provient des différents degrés de développement auxquels ces deux peuples sont arrivés. Ainsi, bien que

Femme et enfant Ostiaks en costume d'hiver.

l'Ostiak construise sa hutte ou *yourte* exactement comme le Russe, il la fait cependant plus étroite et avec moins d'habileté; puis il y vit au milieu de la malpropreté et d'insectes parasites de toutes sortes. Avant l'arrivée des Russes, les Ostiaks s'étaient déjà adonnés à l'élève des bestiaux. Ils ont emprunté à leurs conquérants l'industrie des transports qui, pendant les mois d'hiver, forme une de leurs principales occupations. Dans la pêche elle-même, les Ostiaks se sont laissé devancer par les Russes. Bien que, d'après le principe du *premier occupant*, ils soient reconnus possesseurs de la totalité des terres et des eaux dans l'Irtyche inférieur, et que les Russes, dans la plupart des cas, n'aient que la qualité de fermiers, les Ostiaks se contentent d'exploiter les petits lacs, les baies, les ruisseaux, et ils afferment aux Russes les courants les plus poissonneux.

Ce fait s'explique par la misère générale des Ostiaks, qui ne leur permet pas de se pourvoir des grands filets qu'exige la pêche dans les fleuves. Mais la cause en est bien plutôt encore en réalité dans leur paresse, leur insouciance et leur manque d'initiative. Rien ne serait plus facile en effet aux habitants d'un village que d'unir leurs efforts dans un but commun, au lieu de faire cession à un étranger de leurs meilleures sources d'alimentation pour une misérable somme de quelques roubles qu'ils se partagent entre eux.

La chasse qui, après la pêche, était jadis une

ressource très-grande pour les Ostiaks, comme pour toutes les tribus Sibériennes, a aujourd'hui perdu presque toute son importance. Le gibier de valeur est devenu rare, tant par suite d'une destruction imprévoyante que par suite de l'aveugle incendie des forêts. Les martres et les renards, qui autrefois formaient la richesse du pays, ont aujourd'hui presque entièrement disparu. Souvent on rencontre encore des ours, des élans et des rennes sauvages, mais la chasse de ces animaux ne se fait point avec la prévoyance nécessaire.

Il serait difficile de dire ce que les Ostiaks font avec réflexion et entrain, sauf manger, boire et dormir, trois occupations dans lesquelles ils n'ont point de rivaux, sinon les Samoyèdes qui sont à un degré encore inférieur de l'échelle sociale. L'Ostiak ne vit pour ainsi dire que le jour, et par suite, il désigne par le même mot, *chat*, le jour et les choses nécessaires à la vie. Une heureuse proie a-t-elle pourvu aux besoins de la journée, il ne bougera pas le jour suivant, ou bien ira achever de s'abrutir au cabaret le plus proche.

« Dans toutes ces tribus, dit le voyageur Castren, la femme est traitée comme une misérable esclave; tandis que j'étais chez eux j'ai plus d'une fois été tiré de mon sommeil par des sanglots qu'un traitement barbare arrachait au cœur d'une malheureuse créature; pour appuyer mes assertions, je rappellerai que, peu avant mon passage, des visites et des recherches ont été faites dans les yourtes de Tsingali au sujet d'un homme de cette tribu qui avait littéralement fait périr sa femme en la frappant à coups de fouet.

Mais comment la plus légère idée de la dignité de la femme existerait-elle chez un peuple qui ne voit dans ses filles qu'une marchandise? Tant qu'elle est dans la maison de ses parents, une fille est une chose précieuse, son éducation, — son élevage, je devrais dire, — est l'objet de tous les soins possibles. Est-ce pour en faire une bonne femme, une excellente ménagère ? Nullement. On ne peut dire, pour l'honneur de l'humanité, que l'amour paternel, même inconscient, exerce ici son influence. La vérité ne permet pas de taire que dans l'éducation de ses filles, l'Ostiak n'a pas d'autre mobile que celui qui lui fait aussi élever des renards qui, bien engraissés, l'indemnisent de ses avances. Une bonne marchandise ne lui restera pas sur les bras, et ses filles seront adjugées comme épouses aux plus offrants. Dans le pays de l'Irtyche, voici quel est le prix courant d'une femme :

1° De 200 à 300 roubles d'argent (200 à 300 fr.).

2° Un cheval, une vache et un bœuf.

3° Divers objets de toilette.

4° Un *poud* de farine, un *wedro* d'eau-de-vie et un peu de houblon pour célébrer la noce.

Tout ce que la fille reçoit en dot de la maison paternelle consiste en quelques articles de toilette auxquels s'ajoutent un cheval et une vache. Naturellement, il n'est pas au pouvoir de tous de payer le prix exigé; aussi n'est-il pas rare de voir un jeune gars qui a dérobé le cœur d'une jeune fille, la voler aussi elle-même, l'emmener dans son petit canot, puis la conduire à l'église la plus rapprochée, où les fugitifs sont unis par un lien qu'il n'ést pas au pouvoir des hommes de rompre. C'est là un moyen fort en usage sur les bords de l'Irtyche pour se soustraire à l'impôt matrimonial.

Si pauvres qu'ils soient d'idées, Ostiaks, Samogèdes et Tatars, tous les indigènes actuels de ces régions ont pourtant conservé la tradition d'une époque où l'on ne trouvait sur les bords de l'Irtyche, ni aucun des leurs, ni Russes, ni Mongols, et où les Tschoudes étaient maîtres du pays.

Remarquables par leur force et leur puissance, leurs mœurs et leurs coutumes, le genre de vie et le caractère, ils choisissaient de préférence, pour y établir leurs habitations, les pics et les sommets des plus hautes montagnes. L'usage ne les portait pas à se grouper près les uns des autres, mais à se fixer chacun dans un lieu isolé. Ils se retranchaient derrière de hauts remparts de terre, et entouraient les hauteurs de fossés dont il doit encore exister des traces. De telles œuvres d'après les traditions éparses parmi les peuplades qui leur ont succédé n'étaient qu'un jeu pour les Tschoudes; leur force était telle qu'ils lançaient des instruments de guerre ou de travail d'une rive de l'Irtyche sur l'autre : n'ayant pas reçu les bienfaits du christianisme, sans lois, sans règle civile, ils étaient cependant versés dans plusieurs arts, que les hommes du temps présent ne connaissent plus. Ces arts les avaient mis en possession de toutes les richesses du monde, et leur vie s'écoulait ainsi sans crainte et sans souci. Ils ne faisaient rien qu'en se jouant et pour leur plaisir. Très habiles à forger les métaux, ils faisaient en or, en cuivre et en fer de beaux ouvrages et des objets d'art dont on retrouve encore des débris près de leurs anciennes habitations. Quand, éblouis par la lumière du christianisme, et vaincus par les armes victorieuses de Yermac, ils se virent contraints d'abandonner leurs habitations et de fuir dans des pays inconnus, les Tschoudes enfouirent sous terre toutes leurs richesses et tout ce qu'ils avaient de précieux.

Dans chaque tribu il y a encore des vieillards qui pourraient nous en apprendre beaucoup sur les idées et sur les croyances du temps passé, mais ils craignent visiblement de laisser connaître leurs pensées sur ce sujet. Ils semblent être encore dans leur for intérieur, attachés aux dieux de leurs pères. S'il faut en croire les colons russes, les Ostiaks de l'Irtyche sacrifient et prient encore selon les anciens rites, et dans les profondeurs des forêts, ils rendent un culte aux images de leurs anciennes divinités. Ce qui est certain, c'est que, comme beaucoup d'autres tribus finnoises, ils regardent comme sacré l'ours « le bel animal » auquel ils prodiguent encore beaucoup de noms pompeux pour exprimer leur vénération. La valise du voyageur Castren, à son retour de Sibérie, en 1847, renfermait un ours de cuivre actuellement bien tranquille qui de son temps avait été, parmi les Ostiaks, une grande et puissante idole. Aujourd'hui encore, ce peuple a coutume d'honorer l'ours qui vient d'être abattu, d'un cérémonial expiatoire, où le chant, la danse, les rasades de bière, etc., se succèdent comme chez les Finnois et les Lapons.

Navigation sur le haut Obi.

Castren qui remonta l'Obi en bateau pendant le mois de septembre 1845 a décrit ainsi les rives du fleuve.

« Le cabine nous servit peu pendant le milieu du jour, si ce n'est quand la pluie et le mauvais temps nous empêchaient de nous tenir sur le pont, ou de parcourir les deux rives du fleuve. La contrée ne se prêtait cependant guère à ce dernier plaisir.

Bien que les bords de l'Obi ne soient pas très-élevés, ils sont presque toujours tellement à pic et argileux qu'il est difficile d'y poser le pied sans courir le risque de tomber dans le lit du fleuve. En automne on distingue, il est vrai, çà et là, des plaines de sable assez étendues, mais elles sont la plupart du temps disséminées sur un fond d'argile et fatiguent autant les yeux que les pieds du voyageur. En arrière des rives on ne voit que des flaques d'eau ou des prairies vierges que recouvre une impénétrable végétation de roseaux. C'est en vain que l'on s'efforce d'y entrevoir la trace d'aucun sentier. Les seuls vestiges humains que l'on puisse découvrir sont des feux éteints ou des campements abandonnés. Il est bien rare d'apercevoir une habitation. De Surgut jusqu'au village russe de Lochosowa, on compte 90 verstes (91 kilomètres), et sur tout ce parcours il n'existe que deux petits villages ostiaks; encore ne sont-ils pas situés sur le fleuve principal, mais sur ses affluents. Nous ne rencontrâmes sur notre route qu'un petit nombre de pêcheries russes, pour la plupart abandonnées et si délabrées par les pluies d'automne, que les oiseaux du ciel, comme les bêtes fauves, avaient dédaigné d'en prendre possession. Depuis que la foule des pêcheurs avait délaissé ces établissements, le fleuve était livré au silence et à la solitude, qui n'étaient que rarement troublés par un canot ostiak glissant rapidement sur les eaux.

Jusque dans le voisinage de la petite ville de Narym, située sur un affluent du grand fleuve, la contrée sauvage que je traversai, n'offrit à mes yeux rien de nouveau, rien d'inusité; une baie était pareille à une autre baie, pareille en étendue, en abandon, et en solitude. Pour un Européen, l'Obi n'est qu'un fleuve sauvage et uniforme; et le seul sentiment qu'il éveille dans son âme est l'impatience et le découragement. Mais demandez à un paysan russe de quel œil il considère le fleuve, et sa réponse courte mais significative sera : « l'Obi est notre mère. » Ou bien adressez la même question à l'un des Ostiaks partageant encore les croyances et les mœurs de ses pères : si l'homme est franc, il vous répondra à peu près en ces termes « l'Obi est le dieu que nous honorons avant tous les autres, que nous invoquons avec les plus ardentes prières, et auquel nous consacrons les plus riches offrandes. » Pour l'habitant du pays, l'Obi est le grand bienfaiteur, sans lequel aucun être humain ne pourrait vraisemblablement subsister sur cette misérable terre.

Pendant les 400 kilomètres qui séparent Narym de Tomsk, chef-lieu du gouvernement de ce nom, le paysage ne change d'aspect que par gradation insensible; c'est le résultat du niveau du sol qui ne s'élève que bien lentement dans la direction de l'Altaï.

Indigènes du gouvernement de Tomsk. Croyances et Chamanisme.

Bien que les Samoyèdes du gouvernement de Tomsk soient depuis longtemps baptisés, dans beaucoup de lieux cependant ils restent encore attachés à leur ancien culte. Comme leurs frères du nord, ils reconnaissent avant tout un Dieu, qu'ils appellent *num*, *nom* ou *nop*. La terreur que ce dieu inspire aux Samoyèdes du nord est telle, qu'ils ne prononcent son vrai nom qu'avec un tremblement visible, et qu'ils préfèrent le désigner par l'épithète de *Jileumbeartige* (gardien du troupeau). Les Samoyèdes de Tomsk lui appliquent l'épithète de *vieillard*, d'*aïeul*. Dans leurs croyances *Num* règne sur la création tout entière, mais sa résidence propre est dans la profondeur du ciel.

Dans tous les phénomènes dont l'atmosphère est la source et le théâtre, tels que la neige, la pluie, le vent, la tempête, la grêle, le Samoyède voit l'intervention directe de *Num*. Il se le représente d'ailleurs comme un être inaccessible à l'homme, insensible aux sacrifices et aux prières, et il lui applique volontiers le proverbe russe « Dieu est trop haut, le czar est trop loin. » Au-dessous de lui et dans sa dépendance Num a des êtres que les Samoyèdes Tomskiens nomment *Lohet*, au singulier *Los*. Ces esprits sont, par leur nature, invisibles et hors de la portée des simples mortels. Mais les *Chamans* savent les trouver, les voir et leur parler; ils ont l'art de les aborder familièrement et d'en obtenir, soit directement, soit par leur intercession près de *Num*, conseil, aide et appui, tant pour eux-mêmes que pour les autres.

Bien plus les Chamans du gouvernement de Tomsk possèdent le pouvoir surprenant de donner un corps aux *Lohet*, de sorte que chacun puisse les utiliser et s'en servir comme de dieux protecteurs. Les Samoyèdes du nord sont aussi imbus de fétichisme à un haut degré; mais chez eux la puissance divine du fétiche ne paraît pas d'une manière absolue dépendre du Chaman, car ils prient non-seulement les images divines faites de main d'homme, mais des pierres et des arbres extraordinaires, ainsi que d'autres objets rares de la nature. Les Samoyèdes Tomskiens, au contraire, pensent que pour être dévoué au Chaman le fétiche doit avoir été fait par lui, tandis que les plus intelligents d'entre eux ne voient qu'un symbole de la divinité dans ces fétiches, et les comparent aux images saintes de l'Église russe.

Chez les Samoyèdes du nord, chaque famille possède une foule d'idoles; on les conserve dans un traîneau particulier qui toujours suit la caravane, pendant les migrations habituelles. Parmi les Samoyèdes du gouvernement de Tomsk, qui sont encore adonnés au paganisme, chacun doit posséder son dieu protecteur particulier; mais on ne peut en honorer qu'un seul à la fois, et quand son propriétaire meurt, le dieu est aussi considéré comme mort, et il est jeté à l'eau.

Un Chaman apprend-il qu'un homme ne possède pas de dieu protecteur, il va le trouver, et lui fait comprendre la nécessité où il est de s'en procurer un. On remet au chaman une peau d'écureuil, d'hermine ou d'un autre animal. Il part et, quand il revient, il a donné à la peau une forme humaine, et l'a revêtue du costume usité dans le pays. Ce n'est pas lui qui l'a cousue, la main d'une jeune vierge est seule apte à ce travail. Quand le *Los* se trouve complétement cousu et habillé, on le met dans une corbeille, qui toujours doit aussi avoir été tressée par une vierge. La corbeille est placée dans une pièce où il n'y a rien que le dieu et ses offrandes, et il est interdit à une personne mariée de jamais pénétrer dans ce sanctuaire. Arrive-t-il que, dans une circonstance, on ait besoin de réclamer l'assistance du *Los*, soit pour la chasse, soit dans un cas de maladie, etc., on lui apporte des offrandes qui, d'ordinaire, consistent en écureuils, en hermines, en jolis rubans, en morceaux de drap ou de cotonnade, perles de verre, etc., que l'on place dans la corbeille.

Par les offrandes et les prières, tout homme est en état de se rendre favorable les *Lohet*, dans les cas ordinaires de la vie. Mais s'agit-il d'obtenir des dieux conseil, expédient, interprétation d'un oracle, l'intervention d'un chaman devient alors indispensable.

En effet, les *Lohet* vêtus de peau sont des esprits muets ; et, comme nous l'avons dit, le chaman seul a accès dans le monde invisible. Seul il a le pouvoir de conjurer les esprits impalpables, et voici comme il procède : Il prend place sur un escabeau ou sur un coffre dans le milieu d'une pièce qui ne doit contenir aucun objet de fer ou d'acier susceptible de blesser, tels que couteau, aiguille, etc. Autour du chaman s'assoient habituellement de nombreux spectateurs, mais nul ne peut avoir son siége juste en face de lui. Le chaman est assis, le visage tourné vers la porte, et il prend l'attitude d'un homme qui ne voit et n'entend rien. A la main droite, il tient une baguette unie d'un côté, et de l'autre couverte de signes et de figures cabalistiques. A sa main gauche, on voit briller deux traits dont les pointes, dirigées en l'air, portent chacune une petite clochette. Le chaman n'est distingué par aucune autre particularité, seulement il porte, dans cette circonstance, les habits du suppliant. La conjuration commence, le chaman entonne un chant joyeux, dans lequel il invoque les esprits avec des paroles véhémentes. Tant que le chant dure, le chaman frappe légèrement de sa baguette magique les deux traits qui font rendre aux clochettes un son cadencé. Les assistants écoutent avec une attention profonde les paroles du voyant inspiré. Aussitôt qu'apparaissent les esprits, le chaman se lève et se livre à une danse pendant laquelle son corps et ses bras exécutent toutes sortes de mouvements plus difficiles qu'harmonieux. Puis il continue à chanter infatigablement et à faire résonner ses clochettes. Le chant encadre une conversation avec les esprits, et il est débité avec une emphase qui parcourt toutes les notes de la gamme. Quand il s'élève, les assistants unissent leurs voix à celle du chanteur, dont ils répètent les paroles; quand il s'abaisse, les assistants redeviennent silencieux. Quand, par son art, le chaman a obtenu tous les éclaircissements nécessaires, il fait connaître au fidèle la volonté des dieux. Lorsqu'il est interrogé sur l'avenir, le chaman jette sa baguette magique aux pieds des consultants, si le côté des figures tombe en dessous, on peut prévoir un malheur, dans le cas contraire tout est à souhait.

Dans les gouvernements de Tobolsk et d'Archangel, aussi bien que dans celui de Tomsk, les chamans sont passés maîtres en jongleries de toutes sortes, au moyen desquelles ils jettent de la poudre aux yeux d'une foule de gens simples, et parviennent à gagner une confiance plus grande.

Parmi les tours les plus fréquemment exécutés par les chamans du gouvernement de Tomsk, figure le suivant qui provoque toujours l'admiration des Russes, aussi bien que celle des Samoyèdes. Le chaman s'assied au milieu d'une peau de renne séchée, étendue à l'envers sur le plancher; puis, les assistants lui lient les pieds et les mains. Quand on a fermé les fenêtres, le chaman commence à invoquer les esprits sur lesquels il a du pouvoir. Soudain des clameurs étranges se font entendre au milieu de l'obscurité. Des voix partent de différents points de la jurte, à l'intérieur et à l'extérieur, et de la peau de renne un son cadencé de tambour. On entend tout autour de la chambre le grognement de l'ours, le sifflement du serpent, le cri de l'écureuil. Enfin le vacarme cesse, et les auditeurs attendent avec impatience le dénoûment. Quelques minutes se passent dans cette attente, puis on voit venir le chaman dégagé de ses liens. Personne ne mettrait en doute que ce ne soient les Lohet qui ont battu du tambour, grogné et sifflé dans la yourte, délivré et emporté le chaman par une voie invisible. L'habileté de ces jongleurs est, je dois en convenir, bien plus grande que celle des grossiers chamans du nord, qui se laissent tirer une balle devant la tête et auxquels ce tour coûte quelquefois la vie.

A côté de leurs pratiques superstitieuses, les Samoyèdes de Tomsk ont conservé des traditions de leur passé, parmi lesquelles les chants héroïques méritent particulièrement d'être cités. Les Samoyèdes ont la poésie en grande estime. Les auditeurs recueillent avec une attention presque religieuse chaque parole qui tombe des lèvres du chanteur. De même que le chaman, le chanteur est assis au milieu de la chambre sur un escabeau ou sur un coffre, tandis que les auditeurs font cercle autour de lui. Dans le gouvernement de Tomsk, j'ai observé que le chanteur s'identifie avec son héros, son corps tremble, sa voix est émue; de la main gauche, il couvre toujours ses yeux pleins de larmes, tandis que de la droite il serre une flèche dont la pointe est dirigée vers la terre. Les spectateurs gardent la plupart du temps le silence; mais quand le héros succombe ou que sur un aigle majestueux il s'élève dans les nues, ils poussent un *hec*, qui répond à notre *bravo!*

En automne, les Samoyèdes de Tomsk restent quelque temps sédentaires dans leurs petits villages pour s'occuper des préparatifs de la chasse qui s'approche. Les hommes forgent et font des ouvrage des menuiserie, tandis que les femmes cousent et cuisent le pain. A peine l'hiver a-t-il pris possession de la nature, que les habitants de chaque village commencent à se disperser. Chaque famille se fabrique de petits traîneaux nommés *nartas*. Ces véhicules sont remplis de farine, de pain, de biscuit, d'orge, de poissons et d'autres provisions de bouche, de vêtements, de haches, de couteaux, d'appareils pour la chasse, d'une tente d'écorce de bouleau, etc. On emballe aussi dans la narta les petits enfants. Quand tout est casé, on attèle à chacun des traîneaux, deux et trois chiens et même davantage, suivant les ressources du propriétaire. A cette époque de l'année, on ne peut se servir de chevaux. On les laisse au village sans autre précaution que de mettre à leur portée, dans un hangar ouvert qui leur sert de stalle la provision de foin nécessaire pour une absence de quelques mois.

Quand tout est réglé, les familles se dirigent chacune de son côté, dans la forêt et dans le désert. Le père de famille se place en tête de la troupe, il fraye le chemin à l'aide de ses raquettes, et épie le gibier. Les autres membres de la famille suivent les traces de leur chef; ils vont, viennent, dirigent les chiens et souvent les aident à traîner la narta. Ainsi se prolonge le voyage du matin au soir; à la tombée de la nuit, la petite caravane fait halte, la tente d'écorce de bouleau est dressée, la marmite est suspendue au-dessus du feu, près duquel s'étendent dans un doux repos les nomades fatigués. Au point du jour, la caravane se remet en marche. Après plusieurs journées pareilles, on arrive au lieu choisi pour la chasse. On y trouve la plupart du temps, une yourte faite de branchages, ou bien on s'accommode d'une tente en écorce de bouleau. Alors le Samoyède commence à organiser sa chasse dans les alentours de cette habitation, et à parcourir les forêts. Chaque jour du matin au soir, il est en mouvement; souvent même il passe la nuit dans un tas de neige. Il pose, dresse, tend ses piéges, y pousse le gibier, etc. Toute sa famille et les enfants même prennent part à la chasse, cependant ces derniers ne s'éloignent pas beaucoup de leur demeure, et font surtout la guerre à l'écureuil.

Aussitôt que la glace a disparu des lacs et des fleuves, le village est de nouveau abandonné, et les habitants font glisser sur les ondes leurs petits canots, d'une rive à une autre rive, d'un lieu de pêche à un autre lieu. A chaque campement se dresse la tente de bouleau qui est le *vade mecum* du Samoyède. Comme les Ostiaks, les Samoyèdes de Tomsk pêchent avec des filets, des nasses, des hameçons, etc. La pêche dure sans interruption jusqu'au commencement de septembre où commence la saison de la chasse aux coqs de bruyère, et la récolte des airelles rouges, des fruits du cèdre, etc.

Indigène du gouvernement de Tomsk en narta traînée par des chiens.

Lorsque ces travaux sont terminés, la pêche reprend jusqu'à la venue des glaces, pendant laquelle chaque famille, pourvue de la provision de poissons secs qu'elle a pu amasser, se réfugie dans sa demeure comme une bande de marmottes dans son terrier.

CHAPITRE III.

L'ALTAÏ.

Système de montagnes, chaînes et groupes portant le nom d'Altaï. — Vallées, rivières, lacs, sommets, beautés des paysages. — Ce qu'il faut entendre en ethnologie par les appellations de Kalmouks et de Tatars, etc.

Chaînes et groupes portant le nom d'Altaï.

L'Irtyche, remonté jusqu'à ses sources, nous mènerait bien au delà des possessions russes au centre des steppes que se disputent les Mongols et les Kirghis. L'Obi est formé, presque sous le même méridien, mais à 400 kilomètres plus au nord, par la réunion de la Biya et de la Katounia, rivières issues toutes les deux des massifs occidentaux de l'Altaï.

L'intumescence de l'écorce terrestre qui porte ce nom, apparaît sur la carte de l'Asie comme un gigantesque promontoire, rattaché à l'est et au sud-est par des plateaux aux chaînes centrales du continent et entouré, dans toutes les autres directions, par la vaste dépression des steppes. Celles-ci pénètrent dans l'intérieur du massif par les ouvertures des vallées qui en frangent le pourtour, et représentent les golfes et les baies des temps géologiques où ces montagnes surgirent du sein de l'Océan primitif.

L'Altaï n'est pas une chaîne, mais un enchevêtrement de chaînons qui se croisent sous divers angles, et forment au point de leur croisement principal l'énorme cime du Biélouka aux flancs chargés de glaciers. Atteignant 3400 mètres de hauteur absolue, cette cime offre une magnifique perspective, à l'orée de toutes les vallées descendant de ses flancs. Parmi les nombreux témoignages de l'admiration des voyageurs, unanimes sur ce point, nous choisissons le suivant, emprunté au journal d'une touriste anglaise :

« ... En quittant les bords de l'Altin-Koul, le lac d'Or, qui n'ont rien à envier aux plus beaux paysages des Alpes helvétiennes, nous passâmes dans la vallée de la Katounia, et nous fîmes dans les montagnes une pointe de 1100 kilomètres. Il nous fallut chevaucher pendant trois semaines le long de chemins effrayants et dont le niveau dépassait souvent les dernières limites de la végétation. Je n'oublierai jamais la région que nous traversâmes au delà de la rivière Koksa. Elle était d'une sauvage grandeur, mais offrait le sol le plus accidenté et le plus rugueux. C'étaient des plateaux sans fin, des crêtes succédant à des crêtes. Sur la pente, péniblement gravie de chacune, je me disais : « Ce sera la dernière ; » puis de l'autre côté je retrouvais les mêmes interminables obstacles : un autre plateau et une autre crête. Mais enfin la vue que nous réservait le plus haut de ces escarpements nous paya de toutes nos peines.... Le Biélouka se dressait devant nous dans toute sa majesté, le front ceint de glaces éternelles, que le soleil à son déclin frappait d'or, de pourpre et de vermeil. Au milieu des sommités neigeuses qui l'entouraient comme d'humbles vassales, ce géant de l'Altaï pouvait être comparé à un rubis enchâssé dans un cercle de diamant dont l'éclat naturel empruntait au sien une teinte rosée. La beauté de cette scène me plongea dans une admiration profonde, et nos guides mêmes, ces hommes grossiers, se dressant sur leurs étriers pour mieux la contempler, laissèrent échapper à plusieurs reprises cette exclamation *sclavonie!* glorieux! glorieux![1] »

Suivant tous les explorateurs de ces montagnes la nature y présente le contraste le plus absolu. D'un côté, des montagnes à pic ; de l'autre, des steppes à perte de vue, plus tristes que la mer, parce qu'elles ne sont pas animées par le mouve-

1. Mistress Atkinson, Souvenirs des steppes de la Tartarie et de leurs habitants (*Recollections of Tartars steppes and their inhabitants*).

ment des vagues; ici des torrents furieux et des lacs d'une eau fraîche et bleue; là des rivières aux ondes paresseuses, et des lacs aux eaux ternes et salées. Dans les montagnes elles-mêmes, on observe un contraste frappant. Sur le versant nord s'étendent de vastes forêts de cèdres; au midi, toutes les pentes sont arides et nues; la végétation est tuée par le souffle du désert.

Dans ces régions si diverses d'aspect, des restes de populations refoulées du sud lors des grands cataclysmes sociaux, soulevés par Tchinghiz-Khan et Timour, errent presque à l'aventure, tantôt dans les hautes vallées alpestres, tantôt sur le bord des fleuves puissants ou bien près des lacs salés, au milieu des steppes sans horizon. Ils sont confondus par les Russes dans la dénomination commune de Kalmouks et de Tatars. — Tous les conforts de l'existence leur sont inconnus. Lorsque les Tatars qui accompagnaient le voyageur Tchihatcheff dans l'une de ses explorations[1], virent une cabane russe pour la première fois de leur vie, leur stupéfaction fut au comble; jamais ils n'avaient rêvé rien d'aussi merveilleux. Les objets de l'usage le plus vulgaire leur étaient incompréhensibles. Ils s'introduisaient dans la cabane par la fenêtre, s'éten-

1. *Voyage dans l'Altaï*, ouvrage classique au point de vue de la géologie et de l'ethnographie.

Vue de la rivière Biga.

daient sur la table, pénétraient dans l'intérieur du poêle pour deviner quel pouvait être le but de cette cachette, et quand on leur en expliqua l'usage, ils se hâtèrent de briser les chaises pour en faire du bois de chauffage.

Les Kalmouks de l'Altaï.

« .... Lorsque je pénétrai, dit le dernier voyageur que nous venons de citer, dans la vallée de l'Oursoul, les Dmigis[1] ou chefs secondaires des tribus qui l'habitent, informés par leur zaïzane ou chef supérieur, de mon acheminement vers ces parages, y avaient fait réunir près de deux cents chevaux, et vinrent au-devant de nous, pour me féliciter sur mon heureuse arrivée. A mon invitation, ils s'accroupirent humblement à une certaine distance de ma tente, et reçurent avec de grandes démonstrations de joie leur part d'eau-de-vie et de biscuit. Pendant ce temps, mes Cosaques étaient occupés à faire le triage des chevaux, et choisirent ceux qu'ils crurent les plus propres aux fatigues de notre voyage. Le moment où l'on remplace les anciens conducteurs est toujours pour eux un signal de joie et d'hilarité, comme aussi un sujet d'amertume et de

1. C'est ainsi qu'on appelle, chez ces tribus, les employés qui sont immédiatement sous les ordres des zaïzanes : après eux viennent les choulonges.

répugnance pour les nouveaux venus, surtout lorsqu'ils ont quelque raison de supposer qu'il s'agit d'une course lointaine et pénible. En général, tous ces peuples partagent au suprême degré l'aversion qu'éprouve le flegme oriental pour l'infatigable mobilité des Européens, si absurde, et si ridicule à leurs yeux. Aussi emploient-ils tous les moyens imaginables pour se soustraire à l'obligation qui leur est imposée de servir de guides, et de fournir des chevaux aux employés du gouvernement. La caravane passe-t-elle dans la proximité de quelques *yourtes*, les conducteurs s'en prévalent immédiatement pour solliciter le voyageur de les y faire remplacer. A leur tour, les habitants des yourtes prévoient ce moment critique, et ont soin de se cacher promptement, eux et leurs troupeaux, avec une adresse qui n'est égalée que par celle que mettent leurs rivaux à les dépister. Mais si tous ces moyens deviennent infructueux, le voyageur se voit quelquefois exposé à être furtivement abandonné par ses gens, ce qui peut le mettre dans une position vraiment fâcheuse, lorsqu'il se trouve dans une contrée complétement solitaire. Plus tard, j'ai éprouvé moi-même cet inconvénient à plusieurs reprises, et n'en ai prévenu les conséquences désagréables qu'en ayant soin d'emmener avec moi un certain nombre de gens et de chevaux surnuméraires, afin que les défections éventuelles n'éclaircis-

Kalmouks de l'Altaï, au bivac.

sent pas trop les rangs de ma caravane. Et encore fallait-il souvent avoir recours à un singulier manége, que m'enseignèrent mes Cosaques, parfaitement versés dans la connaissance des mœurs et du caractère de ces peuples. Le soir, avant de me coucher, je faisais déchausser tous les Kalmouks, et enlever leurs pipes, briquets, selles, etc. Les effets séquestrés formaient quelquefois toute une pyramide, qu'on élevait près de ma tente, en y plaçant une sentinelle qui devait également veiller sur les chevaux attachés tout autour. Ce ne fut que par ce moyen que je pus entraver les désertions, sans toutefois les empêcher complétement, car les Kalmouks préféraient souvent renoncer à leurs chevaux et à leurs hardes, et s'en retourner à pied sans chaussure, que de se laisser traîner plus longtemps à travers monts et vallées. Au reste, je n'eus à éprouver ces déboires qu'après m'être enfoncé bien avant dans les contrées solitaires et marécageuses, où chaque jour de marche était accompagné de quelque épreuve plus ou moins rude, tandis que pendant tout le temps où je me trouvai dans les parages tant soit peu fréquentés ou habités, ma caravane respirait un air de prospérité et d'hilarité qui se manifestait par des chants et de bruyantes causeries. Cette humeur était entretenue par la perspective de trouver dans la vallée de la Tchouya plusieurs localités où je ne pouvais manquer de guides et de chevaux. Aussi les yourtes, que mes Kalmouks s'empressaient toujours de m'indiquer, me fournissaient de très-bon gré les uns et les autres. Les nouveaux enrôlés étaient consolés à leur tour par l'espérance certaine que leurs services ne devaient être que de peu de durée, et qu'en revanche, ils pourraient se régaler, pendant tout le trajet aux dépens des troupeaux qu'ils rencontreraient sur leur chemin ; car la voracité est un des traits caractéristiques du Kalmouk. Il est vrai que nul mortel ne saurait supporter comme lui la faim et la soif; mais aussi chercherait-on vainement, à tous les degrés de l'échelle des créatures humaines, un être doué d'aussi robustes facultés digestives. Il faut avoir vu de ses yeux ce qu'un Kalmouk est en état de dévorer, pour pouvoir en juger pertinemment. Toutefois, dans les circonstances ordinaires, le thé compose presque exclusivement la nourriture de ces peuples ; ils y ajoutent, soit de la graisse de mouton, soit de l'orge grillée, ou bien quelques poignées de sel, et, après avoir fait bouillir cette espèce de *macédoine* dans un chaudron dont les destinations variées ne contribuent point à rendre la boisson plus appétissante, ils en remplissent des coupes de bois, et l'avalent toute bouillante. Quelques bouchées de tabac, bourrées dans de petites pipes en cuivre, faites d'une seule pièce, complètent ce frugal repas, et font oublier l'absence d toute autre nourriture plus substantielle. Celle-ci consiste exclusivement en viande de mouton, dont ils font une immense consommation toutes les fois qu'ils peuvent s'en procurer. Au reste, ils se soucient peu de l'espèce de quadrupède qui doit leur fournir leur rôt, ni de l'état sanitaire où il peut se trouver au moment où ils le destinent à leur usage. Moutons, vaches, cerfs, chevaux, etc., frappés de mort naturelle ou violente, sont indifféremment consacrés à faire les frais des repas, et ne subissent, pour y devenir propres, qu'une légère modification : cela abrége singulièrement les apprêts d'un dîner, et en écarte en même temps la concurrence, non-seulement de tout convive européen, mais probablement aussi de tout homme qui n'est pas Kalmouk. Aussi, est-il difficile de se figurer la curiosité et l'étonnement avec lesquels ils considéraient les préparatifs de mon repas. Quoiqu'il ne se composât, dans les jours d'abondance, que d'un potage au riz ou d'un plat à la turque, et d'un rôti de mouton, ils ne pouvaient se rendre compte de la complication des procédés et des instruments, inconnus pour eux, qu'on employait dans la préparation et la consommation d'objets aussi simples. Mais ce qui, bien plus encore que la vue des fourchettes, couteaux, cuillères, assiettes, verres, etc., excitait leur surprise, c'était l'aspect du café, que je faisais bouillir à l'aide de l'esprit de vin. Ce breuvage, considéré dans tout l'Orient comme un objet presque indispensable à l'existence humaine et dont je n'ai j'amais manqué parmi les tribus arabes et turques, même les plus sauvages et les plus pauvres, est, au contraire, complétement inconnu aux peuples mongols, qui ne conçoivent pas la possibilité d'exister sans l'usage du thé. Ils me demandaient avec étonnement ce que signifiait cette liqueur noire qui différait si fortement du *koumis*[1] et de l'*arakou* ou *aïran*[2].

Un torrent des montagnes; ex-voto kalmouks.

Après toute une nuit passée en chants de joie et en festins, mes anciens compagnons de voyage m'ayant quitté au grand galop, ma nouvelle caravane s'était mise en mouvement.

.... Malheureusement la pluie avait duré toute la nuit, et à notre réveil un torrent que nous devions traverser offrait un tableau vraiment grandiose. Ses flots écumants étaient chargés d'une quantité d'arbres déracinés, qui passaient devant nous avec la célérité de l'éclair. Nous aperçûmes

1. Espèce de laitage caillé préparé avec du lait de cavale. Son usage est répandu jusque chez les *Yakoutes* de la mer Glaciale, ainsi que nous l'apprenons par M. l'amiral Wrungel.

2. Liqueur blanche, transparente et spiritueuse, obtenue par la distillation du lait de jument.

parmi ces décombres le cadavre renversé d'un cheval sellé et bridé, qui roulait comme une feuille au gré du vent, et allait rejoindre ses compagnons d'infortune. Il se passe rarement un été sans que les flots de la Katounia soient teints du sang de quelque créature vivante; souvent même des cadavres humains viennent grossir le nombre des offrandes vouées à son implacable fureur. Une misérable barque, faite d'un tronc de peuplier excavé, est le seul moyen de transport dont se servent les habitants de ces contrées pour franchir le torrent impétueux. Le moindre choc ou manque d'équilibre fait chavirer cette fragile nacelle, auprès de laquelle les caïques de Constantinople sont des bâtiments solides; et cependant la Katounia traverse la seule voie qui conduit de la ville de Biisk à la Tchouya et à la frontière de Chine, avec laquelle les communications des marchands russes deviennent de plus en plus actives. Or tout le monde doit passer par ce saut de Leucade. Pour diminuer les inconvénients de la traversée, particulièrement dangereuse au printemps à cause de la fonte des neiges, j'avais fait transporter de Biisk un bateau qui avait au moins l'avantage d'être construit à l'européenne. En considérant ma petite chaloupe à côté du frêle esquif kalmouk, je me crus en possession d'un vaisseau, avec lequel je pouvais hardiment tout entreprendre. Aussi me déterminai-je le lendemain à effectuer la traversée, malgré les énergiques protestations des Kalmouks, dont l'épouvante céda bientôt à l'étonnement lorsqu'ils virent mes deux vigoureux Cosaques placer les effets dans le bateau, y sauter eux-mêmes et partir immédiatement comme une flèche. Armés chacun d'une rame, on les vit longtemps lutter contre les flots écumants qui, tantôt les faisaient disparaître complétement, tantôt les lançaient dans les airs; mais enfin leur courage et leur force finirent par triompher de l'élément tumultueux, et ils atteignirent heureusement la rive opposée. Ces hommes, dont j'ai eu souvent l'occasion d'apprécier l'intrépidité et le dévouement, effectuèrent quinze fois cette pénible traversée, car on ne pouvait prendre chaque fois avec soi qu'une charge peu considérable. Enfin, après avoir transporté tout mon bagage, je tentai à mon tour les chances de cette singulière navigation, qui se termina ainsi avec tout le succès possible. Elle ne fut cependant dirigée que par deux hommes, malgré la présence de vingt-cinq Kalmouks qui, tout palpitants de frayeur, se laissèrent transporter comme de timides brebis que l'on conduit au sacrifice. Ils étaient tous intimement persuadés qu'il y avait bien plus de danger avec un bateau européen qu'avec les esquifs indigènes, vu qu'il était impossible de manier avec autant de facilité un *aussi immense navire;* c'est ainsi qu'ils désignaient ma petite barque qui ne pouvait contenir tout au plus que huit hommes. La manière dont on fait passer les chevaux d'une rive à l'autre inspire tout à la fois la pitié et l'épouvante. Avertis par un instinct prophétique de la rude épreuve à laquelle on va les soumettre, ces pauvres animaux combattent avec vigueur les efforts qu'on emploie pour leur faire descendre le rivage. L'œil hagard, les narines gonflées et le crin hérissé, ils reculent devant les flots où l'on cherche à les précipiter. Les Kalmouks, armés de longues gaules et de cravaches, les cernent de près, et leur coupent la retraite; leurs cris sauvages et les coups redoublés dont ils les meurtrissent pendant longtemps, les poussent enfin dans l'eau. A peine leurs pieds ont-ils quitté le fond, qu'on les voit partir comme un trait. Vainement l'animal épouvanté lutte-t-il contre les flots écumants qui se sont emparés de lui, ce n'est qu'après avoir été entraîné au delà d'un demi-kilomètre, le long du torrent, qu'il parvient à en vaincre la fureur et à regagner peu à peu la rive opposée. Mais si, par malheur, il ne réussit point à briser la force qui l'emporte avant d'arriver à une des nombreuses cataractes du torrent, il est infailliblement broyé entre les rochers. L'étoile qui avait veillé sur nous étendit également sur nos chevaux sa bienfaisante influence : tous débarquèrent sains et saufs, mais complétement épuisés. Mes intrépides Cosaques n'étaient pas moins excédés de fatigue, comme on peut se l'imaginer facilement; je me décidai donc à remettre au lendemain la continuation de notre voyage, et je fis dresser nos tentes sur la rive droite de la Katounia, non sans avoir imité d'abord les Kalmouks, en ajoutant quelques bandelettes d'étoffe coloriée aux chiffons et lambeaux de toute espèce qu'ils suspendirent aux branches de broussailles voisines, en signe d'offrande ou d'*ex-voto* à l'occasion de leur heureuse traversée.

Cette pratique si intimement liée à la poésie religieuse de l'âme et aux besoins mystérieux dont le germe se trouve déposé dans le cœur de tout homme, m'a constamment inspiré un sentiment involontaire de respect et de recueillement. Dans une cérémonie ridicule en apparence, je n'apercevais que l'expression de l'impérieux instinct qui porte indifféremment le païen de l'Asie et le chrétien du monde civilisé, à adresser à un Être suprême l'hommage de sa joie ou le cri de sa douleur. J'ai vu les pèlerins de Jérusalem, au moment où, dn haut de la montagne voisine, ils apercevaient pour la première fois la cité de Dieu, ajouter avec transport une modeste pierre au grossier monument élevé par la main de leurs pieux prédécesseurs. C'est ainsi qu'au milieu des glaces de la *Sibérie* comme sur les rives du *Jourdain*, dans les déserts de l'*Afrique* comme sous le dôme de *Saint-Pierre*, j'ai constamment trouvé l'homme le même, toutes les fois que je le voyais placé en la présence de son Dieu [1]. »

Ce qu'il faut entendre par Kalmouks et Tatars.

Une des choses qui frappent le plus le voyageur lorsque, arrivant de l'Altaï occidental, il franchit la Katounia pour pénétrer plus à l'est, c'est le type éminemment chinois des tribus établies en deçà de cette rivière. On se croit presque dans l'enceinte du Céleste Empire. J'eus d'autant plus l'occasion d'apprécier tout d'abord cette particularité que, le soir même de notre traversée, nous vîmes arriver vers nous, au grand galop, un convoi de chevaux que les zaïzanes de la Tchouya, avertis depuis longtemps de ma prochaine arrivée, avaient envoyé à ma rencontre pour remonter ma caravane. La physionomie et même le costume de mes nouveaux compagnons offraient les caractères *mandchoux* et *chinois* tellement développés que mes anciens satellites, appartenant aux tribus de l'Oursoul et dont les traits m'avaient jadis frappé si vivement, me parurent en ce moment représenter une race euro-

1. P. de Tchihatcheff. Voyage dans l'Altaï oriental.

péenne. Cependant ce n'étaient encore que des *Kalmouks*, parlant exactement la même langue, c'est-à-dire un jargon turc. Mais, sous le rapport administratif ou politique, les Kalmouks établis à l'est de la Katounia diffèrent notablement de leurs confrères occidentaux. Ces derniers sont complétement soumis à la souveraineté de la Russie, tandis que les premiers relèvent tout à la fois de deux empires limitrophes et sont désignés chez les Russes par le nom de *Dvoëdantzi*, ce qui veut dire littéralement *payeurs d'un double tribut;* effectivement, le gouvernement du Céleste Empire en perçoit un, de même que le gouvernement russe. A cette particularité près, les Kalmouks occidentaux et orientaux offrent dans leurs mœurs la plus parfaite identité, et eux-mêmes ne croient différer les uns des autres que par les localités qu'ils occupent respectivement : aussi s'en servent-ils pour se désigner réciproquement. Ils appellent les Kalmouks établis à l'ouest de la Katounia *Altaï guichi* ou *Kadoune guichi* (gens de L'Altaï ou de la Katounia), tandis qu'à leur tour ces derniers désignent leurs confrères orientaux par l'épithète de *Tchouya guichi* (gens de la Tchouya), etc. Quant au nom collectif et et très-vague de *Kalmouk*, le seul employé parmi les Russes, les peuples auxquels on l'applique l'ignorent complétement. Il en est de ce nom comme de celui de *Tatar*, connu de tout le monde, excepté de ceux à qui on l'impose. Au reste, ce n'est que dans les premières années de ce siècle qu'Abel Rémusat et M. Klaproth ont dissipé la confusion et le chaos occasionnés par l'usage de ces dénominations vagues de *Tatars*, *Mongols*, *Turcs*, *Kirghiz*, etc., qui souvent n'exprimaient rien du tout, ou recevaient presque toujours une fausse application.

Les annales chinoises désignent par le nom de *Ta-ta*, une petite tribu de l'ancien peuple *Ma-ho* ou *Mo-Kho*, lequel, divisé en plusieurs peuplades, toutes d'une origine commune, habitait, au cinquième siècle après la naissance de Jésus-Christ [1], ainsi que les *Toungous* (ancêtres des *Mandchoux*), cette partie de la Mandchourie actuelle qu'arrosent les trois afffuents de l'Amour : le Songari oula, le Khalka et le Kerlon. Tchinghis-Khan, qui était lui-même de la tribu des *Ta-ta* après avoir soumis à sa souveraineté toutes les peuplades qui composaient le *Ma-ho*, imposa à la totalité de ses nouveaux sujets le nom de *Mongol*; de manière que les *Ta-ta*, ainsi que les autres membres des anciens *Ma-ho*, furent indistinctement compris sous la dénomination générale de *Mongols*.

Mais le nom de *Ta-ta*, affecté d'abord à une petite fraction des tribus mongoles, bien loin de s'éteindre, finit par prendre une extension tout

1. V. Ritter. v. I. p. 253.

à fait nouvelle, une circonstance importante, étant venue lui donner une nouvelle extension. *Tchingis-Khan* recrutait dans cette tribu valeureuse le noyau des armées qu'il conduisait ou envoyait à de nouvelles conquêtes. Ce furent des légions ainsi constituées qui assujettirent les peuples de race turque des rives de la mer Caspienne et du Volga. Le nom de la tribu qui figurait au premier rang de ces sauvages et sanguinaires hordes, fit bientôt oublier celui du peuple dont elle ne formait qu'une minime fraction; aussi non-seulement les nations à la conquête desquelles elle avait été employée reçurent le nom de *Ta-ta* ou *Tatars*, mais même on finit par s'en servir pour désigner les Mongols en général, dont les exploits firent trembler l'Europe au moyen âge.

Lorsque les Mongols, ou abusivement *Ta-ta* (Tatars), furent expulsés de la Chine, des flots innombrables de ce peuple se replièrent sur l'Asie centrale, et inondèrent, sous différents noms, jusqu'aux contrées qui font aujourd'hui partie de la Sibérie. Plusieurs de leurs débris se réfugièrent dans l'Altaï et réclamèrent plus tard la protection de la Russie, qui les admit au nombre de ses sujets; d'autres occupèrent plusieurs points sur l'immense ligne de délimitation tracée entre les deux empires, et se rangèrent sous leur double souveraineté. Or, ce sont précisément les peuples qui, à différentes époques, vinrent s'établir dans l'Altaï et le long de la frontière, que leurs voisins mahométans stigmatisèrent du sobriquet de *Kalmouks*. Quant aux *Kirghiz*, ils sont, comme on sait, le résultat de ces mélanges et de ces chocs multipliés que les peuples de l'Asie centrale éprouvèrent tant de fois, à la suite des grandes migrations, s'avançant constamment de l'est à l'ouest. C'est une race mixte où domine le sang turc, mais où on retrouve aussi l'élément indo-européen.

Croyances et pratiques religieuses des Kalmouks. Leur timidité.

L'idolâtrie des peuples kalmouks, quoique assez grossière, ne s'attache cependant qu'à la représentation symbolique du bien, le *Koutaï*, ou celui du mal, le *Chaïtane* (Satan). Ils sacrifient à ces deux déités des chevaux, des bœufs et des moutons, qu'ils immolent d'une manière assez barbare, soit en les écartelant, soit en leur fendant la poitrine et en y introduisant la main pour leur comprimer le cœur, ce qui, au reste, s'exécute avec une promptitude incroyable, et fait mourir l'animal en un clin d'œil. Il est ensuite placé sur le feu; et, après y avoir été exposée quelques moments, la victime devient l'objet d'un repas. Cette seconde partie du sacrifice se consomme encore plus rapidement que la première, en sorte qu'on peut affirmer hardiment que, si la dévotion des Kalmouks pouvait égaler leur voracité, il n'y a nul doute que toute la nation ne fût une réunion de saints.

Leurs cérémonies religieuses, toutes d'une grande simplicité, sont dirigées par un *abysse*; c'est ainsi qu'ils appellent leurs prêtres. Ceux-ci ne jouissent absolument d'aucune prérogative, et, la cérémonie terminée, ils prennent part à toutes les opérations de la vie ordinaire, et ne se piquent nullement d'être supérieurs au reste des hommes, ni d'en mériter aucun égard particulier ou ménagement quelconque. Aussi le fanatisme a très-peu de pouvoir sur ces peuples, et la religion en général ne joue parmi eux qu'un rôle en quelque sorte secondaire. Les idées grossières qu'ils se forment de la divinité qu'ils adorent, ne leur font considérer les sacrifices que comme une espèce de pacte qui lie les deux parties par des engagements réciproques ; et lorsqu'un mouton, immolé dans l'intention de conjurer quelque mal on d'obtenir quelque avantage, ne produit point le résultat espéré, le Kalmouk en fureur s'en prend quelquefois très-rudement à ses pénates ; il les brise, les flagelle ou les foule aux pieds, met en pièces le grand tambour dont le roulement monotone sert à accompagner les chants religieux de l'*abysse*, et souvent rend ce dernier responsable de l'incurie des dieux. Comme ils attribuent toutes les souffrances physiques à l'action du *chaïtane*, ils croient qu'il n'y a pas d'autre moyen de guérir le malade que d'expulser de son corps le malin esprit; et pour l'engager à en sortir, ils ont quelquefois même recours à la ruse. Un des *dimidji* d'une tribu du Tchoulichmane, qui m'avait accompagné jusque sur le territoire chinois, y fut atteint par la petite-vérole, qui exerce impunément les plus horribles ravages parmi ces peuples. Forcé de l'abandonner sur un sol étranger, où il ne pouvait guère compter sur l'hospitalité des *Soyons*, je tâchai de lui exprimer en partant le vif regret que j'éprouvais de le voir dans la triste position à laquelle l'avait exposé mon long et aventureux pèlerinage. Je fis déposer en même temps sur sa couche de feuilles et d'herbe quelques pièces de drap et de velours rouges, car, aux yeux de ce peuple, ce sont les cadeaux les plus magnifiques que puisse suggérer la libéralité la plus généreuse. Parmi ses compagnons se trouvait un *abysse* qui, en apercevant des dons aussi splendides, déclara sur-le-champ que le moyen d'expulser le *chaïtane* était trouvé; en conséquence, on suspendit les étoffes sur les branches d'un arbre voisin, et la cérémonie du sacrifice commença. Tous avaient les yeux fixés sur le talisman magique, qui se balançait pittoresquement au gré du vent. Tous étaient persuadés que le malin esprit, logé dans le corps du malade, n'apercevrait pas plutôt les offrandes qui lui étaient destinées, qu'il abandonnerait immédiatement sa proie humaine pour s'emparer d'un butin plus propre à tenter sa cupidité.

Aucun signe extérieur n'annonce l'endroit consacré à l'exercice du culte religieux; les seuls monuments qui s'y rattachent sont des peaux de chevaux, de vaches et de bœufs, exposées au bout de longues perches, et destinées à se concilier le *malin esprit,* à solliciter quelque faveur du *Koutaï*, ou à l'en remercier. Ces bizarres dépouilles produisent quelquefois une sensation toute particulière, lorsqu'on les aperçoit au milieu d'une plaine solitaire, ou plantées sur quelque rocher stérile. Il n'existe non plus aucun monument destiné à perpétuer la mémoire de celui qui n'est plus. Le cadavre, revêtu de ses habillements ordinaires, le bonnet sur la tête, et chaussé de ses larges bottes qui renferment également sa pipe, est horizontalement posé sur la surface de la terre, la tête appuyée sur sa selle, et le harnais de son cheval à ses côtés; après quoi on le couvre d'un tas de pierres pour le protéger contre les bêtes féroces. Quelquefois, ce grossier monument est surmonté d'un long bâton, auquel les amis et les parents suspendent un petit vase en fer, de forme cylindrique, qu'ils remplissent de lait ou d'*arakou*. On peut être assuré de l'inviolabilité de cette modeste offrande.

.... Rien ne saurait égaler la timidité et le caractère inoffensif de ce peuple. Dans les animaux, comme dans l'homme, la mesure du courage peut être indiquée par la manière dont ils manifestent l'impression que produit en eux l'aspect d'un objet inconnu où certains phénomènes propres à frapper vivement les sens. Tous sont plus ou moins affectés du sentiment d'un danger quelconque; mais les moyens qui leur sont instinctivement suggérés pour s'en garantir, varient d'après le caractère de l'individu. La fuite est celui auquel les créatures les plus faibles et les plus timides ont infailliblement recours, et c'est aussi le mouvement qui fait naître chez les Kalmouks la moindre sensation d'étonnement ou de vague appréhension.

Cette timidité naturelle atteint son apogée avec les Européens, dont l'apparition seule les écrase, tant ils sont frappés de l'immense supériorité de ces derniers. Au reste, on ne saurait nier que ce qu'ils ont appris jusqu'à présent des Européens ne soit éminemment propre à les maintenir dans cette croyance. Ils n'ont connu que les Cosaques de la Sibérie, race belliqueuse et vraiment imposante. Placés à côté de ces hommes qu'ils voient chaque jour se jouer des éléments, et sortir victorieux de la lutte la plus acharnée qu'un mortel puisse livrer à la nature, ils ont dû nécessairement admettre, en examinant leur propre impuissance, que *Koutaï* lui-même avait créé les uns pour commander et les autres pour obéir, et que pour faire reconnaître les dominateurs au premier coup d'œil, il avait doué les uns d'un extérieur superbe et de formes athlétiques, et imprimé aux autres un cachet indélébile de difformité et débilité; car si, d'un côté, le physique du *Kalmouk* semble représenter l'état de transition de la bête à l'homme, d'une autre part, je ne me rappelle point avoir vu, dans l'Orient ni dans l'Occident, des types plus beaux que ceux que m'ont offert les Cosaques de la Sibérie orientale. Un artiste rencontrerait difficilement un nombre plus varié de modèles. Aussi, l'espèce de dépréciation avec laquelle les Cosaques considèrent toutes ces peuplades difformes, faibles et craintives, s'explique facilement. Au reste, ils ne se trouvent jamais dans le cas de faire valoir leurs avantages à l'égard de ces dernières, car l'idée seule de s'exposer au courroux d'un Cosaque donnerait au plus timide Kalmouk le courage de tout entreprendre afin de le contenter. Lorsque, pour avoir des chevaux, j'ordonnais à mon Cosaque d'aller en demander à quelque tribu voisine, au lieu de se donner la peine de s'y rendre lui-même, il avait l'habitude de remettre son sabre à l'un des Kalmouks, qui, plaçant avec respect sur ses épaules ce talisman puissant, allait le montrer à la tribu, en lui formulant ce dont il était chargé. S'il essuyait un refus ou des délais, il le déposait sans rien dire au milieu d'eux et s'éloignait promptement. L'effet de cette tactique ne tardait jamais à se manifester; car la nouvelle qu'un sabre de Cosaque venait d'arriver répandait une épouvante générale; en un clin d'œil, hommes, femmes, enfants, vieillards, tous couraient rassembler le nombre requis de chevaux, et le messager était à peine de retour qu'on en voyait déjà arriver au galop beaucoup plus qu'il n'en fallait, suivis d'un Kalmouk portant respectueusement le terrible dépôt. Si, au contraire, le sabre avait été laissé sans qu'on eût pu satisfaire à la demande, l'ancien de la tribu ne manquait jamais de le rapporter en toute hâte. Rien au monde ne permettrait à un Kalmouk de négliger ce devoir; il passerait plutôt sa vie à cheval, et n'en descendrait qu'après avoir remis le sabre à son propriétaire, car il ne craint pas moins les réclamations de ce dernier que le danger de laisser au milieu de sa famille cet instrument terrible, peut-être doué de la faculté mystérieuse d'agir au nom de son maître absent.

Argalis sibériens. — Une page de géologie.

. Un grossier monceau de pierres surmonté de quelques crânes et cornes de béliers sauvages[1], dont nous vîmes un jour une grande quantité disséminée, est destiné à marquer la limite entre les *Kalmouks* (*Dwédantzi*) et les *soyons chinois*. Il est probable que jamais sentinelle n'est venue troubler le silence de ces lieux, qui ne pourront certes, en aucun temps, devenir un objet de litige diplomatique ou le théâtre d'exploits militaires. Sans cet éphémère et barbare monument, je ne me serais aucunement douté que je mettais le pied sur le territoire de l'empire mystérieux où l'apparition d'un étranger est regardée presque comme un crime. Mais dans ces solitudes désertes, toutes les mesquines distinctions humaines disparaissent; il n'y a plus ni tribunal, ni nationalité; on relève directement du grand potentat de l'univers, et l'on ne reconnaît d'autre titre que celui qui est imprimé aux œuvres de sa création.

Bien qu'une délimitation précise de limites ne puisse exister en ces lieux, cependant elle repose sur une base hydrographique bien tranchée, savoir : la direction dominante des eaux; car, depuis ces parages, presque tous les torrents qui sillon-

1. Agoceras argali.

nent cette région, coulent dans une direction plus

Troupeau d'argalis ou moutons sauvages.

ou moins opposée à celle qu'ils suivaient jusque là.

J'étais étonné de rencontrer aussi fréquemment des crânes et des cornes d'*argalis*, d'élans et de cerfs. Les Kalmouks, ainsi que nous l'avons déjà observé une fois, m'assurèrent que ces dépouilles si nombreuses proviennent des grands ravages que, depuis quelque temps, exercent parmi ces animaux les rigueurs sans cesse croissantes de l'hiver. Il était fort intéressant d'observer les débris de ces animaux plongés dans les marais, et ne montrant au jour que leurs extrémités. Des crânes entiers d'*argalis* étaient empâtés dans l'argile molle et à demi recouverte d'herbes paludines; des cornes d'élans et de cerfs se trouvaient soit complétement submergées, soit placées verticalement et enchassées entre les couches limoneuses qui se déposaient autour d'elles, et qui finiront probablement par les incruster tout à fait. C'était une page vivante des annales géologiques, car il était impossible de voir d'une manière plus palpable les monuments futurs de la paléontologie naître et se développer sous les yeux mêmes de l'homme[1]. »

1. P. de Tchihatelieff. — *Voyage scientifique dans l'Altaï oriental.*

CHAPITRE IV.

BASSIN DE L'YÉNISÉI.

L'Yénisêi, ses sources et son cours. — Population de ses rives; Tatars, Ostiaks et Toungouses, etc.

Le massif de l'Altaï se divise géographiquement en deux régions naturelles, séparées par une ligne, dont le versant occidental donne naissance à l'Obi, et les pentes nord-est aux eaux-mères du Yénisêi.

Après de longs circuits sur un plateau spongieux, habité par les *Soyons*, tribus kalmoukes, sujettes de la Chine, ce fleuve, un des plus considérables du vieux continent, perce par une coupée profonde la chaîne des monts Sayans, ainsi que leurs larges contreforts septentrionaux, offrant de chaque côté de son lit escarpé d'épaisses assises de grès étagées en amphithéâtre ou des parois gigantesques d'un marbre fin et blanc comme celui de Carrare. Au sortir de ces défilés grandioses, il arrose la vallée de Sayansk, séjour des Tatars Katchintz et Kaïbales; puis en aval de Krasnoiarsk, grossi sans cesse par de nouveaux affluents, il déroule lentement son cours de plus de 3600 kilomètres à travers les profondes forêts et les interminables *toundras*, habitations des Toungouses, chasseurs et pasteurs de rennes.

C'est dans la partie moyenne de ce grand bassin que vont nous conduire les récits suivants, extraits du bel ouvrage du voyageur Castren.

Minousink. — Indigènes de ce district, les Kaïbales. — Funérailles et festins.

Au milieu d'une vallée sablonneuse, entourée de montagnes nues, Minousink est située sur le bras de l'Yénisèi dans lequel se déverse la petite rivière Minousa. Elle est encore, comme au siècle dernier, une ville champêtre, et peut-être les riches fleurs qui brillent sur le marché, dans les rues et sur beaucoup de toits, en font-elles le principal ornement. Minousink se compose presque uniquement de maisons petites et misérables, construites dans un style à demi tatare, avec des murs très-bas et des toits élevés. A part un petit nombre de fonctionnaires et quelques marchands, ces huttes n'abritent que de pauvres habitants, qui, d'après leur genre de vie et leur éducation, ne sont guère que de simples cultivateurs. Le plus

L'Yénisei, dans la vallée de Bilik, en amont de Sayans.

grand mérite de Minousink consiste peut-être en ce que, par une journée claire et belle, on y peut distinguer à l'œil nu les montagnes de Sayans.

A une verste au-dessous de la ville, un affluent considérable, que l'on nomme l'Abakan, se jette dans l'Yénisêi, sur la rive gauche. Des deux côtés de cette rivière sont campées de nombreuses tribus tatares nomades, et à son embouchure même se trouve un *oulous* (village tatare) dans lequel, au milieu de diverses tentes d'écorce, on distingue une maison assez belle qui est la chancellerie du chef des Tatars Katchintz. Celui qui aime la nature échangerait, selon moi, avec avantage la ville de Minousink contre ce village, surtout s'il pouvait trouver dans la petite chancellerie une demeure calme, paisible et favorable aux études scientifiques. Je passai trois semaines dans cet oulous, occupé à des recherches sur la langue, les mœurs, les idées religieuses des Tatars, et sur d'autres objets ayant rapport au but de mon voyage. Je cherchais en même temps, à l'aide des rayons d'un soleil de printemps, à rappeler mes forces épuisées par des fatigues antérieures.

Ma santé s'étant un peu rétablie, je partis le lendemain de la Pentecôte, 12 mai 1847, et suivis un chemin qui longe la rive gauche de l'Abakan, et traverse les steppes des Tatars Katchintz. Au départ, j'aperçus, sur les bords de la rivière, une troupe nombreuse qui s'agitait autour d'un feu allumé au sommet d'une haute colline. Ces hommes appartenaient à la fameuse tribu des Kaïbales, et ils étaient rassemblés en ce lieu pour célébrer une fête commémorative en l'honneur d'un parent mort. J'interrompis aussitôt mon voyage, et traversant le fleuve, je me rendis, en compagnie de quelques Tatars, à cette cérémonie funèbre.

Pendant la route, je me fis donner par mes compagnons une courte explication des rites funéraires des Kaïbales, aussi bien que des autres tribus tatares. Ils me racontèrent qu'aussitôt qu'une tribu a perdu un de ses membres, tous les hommes se réunissent pour creuser une fosse au défunt. Chaque Tatar regarde comme son devoir le plus sacré de rendre au défunt ces services qui sont interdits aux parents. Les Tatars d'aujourd'hui ensevelissent toujours leurs morts dans des lieux élevés, et ils les placent très-près les uns des autres, de manière que sur le sol commun d'ensevelissement les tombes ne forment qu'une seule ligne; et en même temps ils ont soin d'orienter chaque tombeau dans la direction de l'est à l'ouest. Quant aux dimensions, les tombes actuelles n'ont que deux à trois mètres de long et rarement atteignent un mètre de profondeur. Pour les grandes personnes, on construit, dans le tombeau même, une sorte de caisse en bois; les chamans sont ordinairement ensevelis dans la terre nue, et les enfants n'ont pour cercueil qu'une écorce de bouleau. Le défunt est, la plupart du temps, enveloppé de soie ou d'un autre fin tissu, et revêtu de ses plus beaux habits. D'après l'usage suivi aujourd'hui, le mort doit être couché dans sa tombe, le visage et les yeux tournés vers l'Orient. Sauf un petit nombre d'exceptions, on creuse pour chaque corps une fosse particulière; aux pieds du mort, on place une selle avec une provision d'eau-de-vie, de fromage, de viande, de beurre, etc., qui doivent lui servir de viatique. La fosse est habituellement remplie de terre, et surmontée d'une petite éminence, que l'on recouvre de pierres.

Quand le défunt a été l'objet de ces soins, les assistants qui, pour la plupart, sont ses amis, préparent sur le tombeau même un repas funèbre où l'on n'épargne aucune dépense. Ceci a lieu ordinairement trois jours après la mort du défunt. Le vingtième jour, ses parents se rassemblent de nouveau auprès de la tombe, pour honorer sa mémoire par un repas analogue; cette cérémonie est répétée le quarantième jour, et, à cette occasion, le cheval favori du défunt qui, depuis la mort de son maître, avait recouvré sa liberté, est ramené pour être mis à mort; on le mange sur le tombeau même, et sa tête est placée au haut d'une perche que l'on dresse à l'extrémité de l'éminence tumulaire. Une fête commémorative a encore lieu cent jours après le décès, et c'était précisément une solennité de ce genre que célébraient les Kaïbales vers lesquels je dirigeais mes pas.

Quarante convives environ étaient réunis, et chacun avait apporté, pour la fête, de la viande bouillie ou grillée, du fromage, du lait, du beurre et d'autres aliments, etc. Tout ce menu était presque entièrement dévoré lorsque j'arrivai, et déjà beaucoup de convives étaient étendus ivres sur le sol. Ceux qui se tenaient encore sur leur séant fumaient leur pipe de toutes leurs forces, et, le visage attristé, agitaient leurs bouteilles vides.

Près de l'une des tombes, la dernière de la file, étaient assises à droite quelques femmes qui, alternativement, mangeaient, buvaient, fumaient, pleuraient et chantaient des airs funèbres. L'une d'elles, évidemment la veuve du défunt, jetait, en souvenir de ses anciens devoirs, des tranches de graisse sur le tombeau de son mari, puis elle y répandait des libations *d'airan*.

En face d'elle, à gauche du tombeau, était assise à l'écart une femme âgée, aux mains décharnées, aux yeux sombres, aux joues amaigries et aux membres tremblants. Enveloppée d'un grossier manteau, noir de jais et tombant en lambeaux, elle avait à la main un bâton. C'était la mère du défunt, une pauvre septuagénaire, qui avait enseveli sous ce tertre l'appui de sa vieillesse, son fils unique, âgé de trente ans. Il n'y avait donc rien d'étonnant à la voir assise seule près du tombeau, et s'abstenant de boire et de manger comme les autres. Elle pleurait, gémissait, frappait la tombe de son bâton, et demandait au mort comment il avait pu laisser ainsi sa vieille mère sans protection dans la vie. Souvent elle étendait ses bras amaigris, embrassait l'air vide, et éclatait en sanglots. Une fois même elle tomba sans connaissance sur le sol, et je me livrais à l'espoir que la malheureuse avait exhalé sa douleur avec son dernier souffle, lorsqu'elle se releva, se jeta, les bras étendus, sur le tertre funéraire, en arracha les pierres, et, dans un puissant effort, parut vouloir retirer du sein de la terre son fils bien-aimé. L'infortunée s'abandonna ainsi à un désespoir sauvage, jusqu'à ce qu'enfin un jeune Tatar l'enleva par pitié dans son chariot et l'emmena de ce lieu de désolation; mais longtemps encore se prolongèrent sur la steppe les lamentations de la malheureuse mère.

Excursions. — Paysages. — Un millionnaire Tatar.

Quand les convives se furent retirés les uns après les autres, je m'éloignai aussi pour regagner mon véhicule. C'était un chariot tatare, si mal construit que de l'intérieur on ne pouvait pas voir des deux côtés de la route, mais uniquement dans une seule et même direction. Ainsi considérée, sur un long espace, la steppe ne montrait pas la moindre inégalité dans sa surface verdoyante ; aucune colline, aucun buisson, aucune pierre ne s'élevait sur le sol; à peine une graminée avait-elle la hardiesse de dépasser sa voisine. La steppe ressemblait à un enclos bien uni, entretenu avec soin. Cependant, à l'aide de quelques efforts, on pouvait facilement distinguer sur sa surface monotone quelques objets qui frappaient les yeux. Ici se trouvait un groupe de vieux tombeaux entourés, chacun, d'une lourde clôture de pierres; là, brillait au soleil un village tatare, un oulous, composé de quelques tentes d'écorces, autour desquelles paissaient de nombreux troupeaux de chevaux, de vaches, de brebis et de chèvres. Chaque espèce d'animaux formait un groupe particulier, et les chevaux étaient en outre partagés en différents *tabounes* ou troupeaux de trente jusqu'à soixante-deux juments. Bergers et bergères à cheval galopaient sur la steppe, chacun cherchant à maintenir l'ordre dans le cercle confié à ses soins.

Je pouvais voir tout cela sans peine de ma large banne, et chaque fois que je mettais pied à terre sur la steppe, j'apercevais à droite et à gauche de la route un grand nombre d'élévations et de collines. Ces éminences étaient aussi nues, aussi dépouillées d'arbres que la steppe elle-même. Sur la rive gauche et basse de l'Abakan, et sur la multitude d'îles que la rivière forme dans son cours, s'élevait çà et là un bouquet de peupliers, de bouleaux, de saules, de mélèzes, etc. Nulle part on ne voyait de cultivateurs, car, par suite de la stérilité du sol, aucun colon russe ne s'est établi sur l'Abakan, et les Tatars Katchintz sont presque tous bergers. Ils forment d'ailleurs la tribu la plus riche de toutes celles qui habitent le district de Minousink.

« Chez eux, me disait un pauvre Kaïbale, il y a toute l'année de l'*airan* et du *koumys*, et le gros et le petit bétail fourmillent autour de leurs tentes. »

Dès le premier jour de mon voyage, je pus constater l'exactitude de cette assertion, chez un Tatar qui, de son propre aveu, possédait cinq mille chevaux, deux mille bêtes à cornes, plus de mille chèvres et brebis, et qui, en outre, pouvait avoir en argent comptant quelque cent mille roubles.

Bien que millionnaire, ce Tatar ne se distinguait nullement, par son genre de vie, du reste de ses compatriotes; sa selle même était moins brillante et moins riche qu'il n'est d'usage chez ces peuples. Comme chrétien, il ne mangeait pas de viande de cheval et ne buvait pas de koumys, mais l'airan était sa boisson favorite, et sa panacée contre toutes les maladies. A mon arrivée, ce riche patriarche endossa une chemise de soie et un caftan de velours garni de zibeline; mais quand nous nous connûmes davantage, le précieux caftan fut remplacé par une vieille peau de chèvre. La tente qu'il habitait se distinguait par sa forme arrondie à la base et son toit en coupole. Les Tatars de Minousink ont aussi des tentes de forme conique, toutes pareilles à celles des Lapons des montagnes et des Samoyèdes, mais elles ne servent qu'aux familles pauvres, et sont vraisemblablement un héritage des anciens habitants du pays. Dans l'une et l'autre sorte de tente, l'aménagement est tout à fait le même. Chacune d'elles a pour parquet la terre nue, pour tuyau de cheminée un trou dans la toiture, pour foyer quelques pierres placées en cercle au milieu de la tente. La porte est toujours tournée vers l'Orient, et juste en face il y a, dans l'intérieur de la tente, un divan en nattes

Un patriarche tatar des steppes de Minousink.

de feutre, qui formule la couche de l'hôte et de l'hôtesse. En entrant, on aperçoit à droite le compartiment de la femme, et à gauche le compartiment du maître. Tout autour sont disposées des tablettes ébréchées et garnies, du côté du mari, de caisses, et du côté de la femme, de bassins, de chaudrons, de théières et autres ustensiles de ménage.

Mais pour revenir au millionnaire tatare, nous devons avouer que, dans le choix de sa compagne, il avait fait preuve de goût, car elle était jeune, belle, dévouée à son mari, et enfin excellait dans la préparation de l'airan. Comme je demandais au Tatar où il avait trouvé cet idéal de toutes les perfections, il me répondit par ce proverbe du pays : « Si tu vois un beau gibier, tire sur lui; si tu rencontres une jolie fille, prends-la. » Axiome qui remonte évidemment aux temps où les Tatars observaient à peu près la même règle sur les terrains si différents pourtant de Vénus et de Diane, et ne prenaient conseil d'aucune autre autorité que de la force de leur bras. Cette règle est peut-être encore observée aujourd'hui parmi les Tatars pauvres, mais généralement une telle manière d'agir est considérée comme un larcin, et il fut évident pour moi que la fatuité seule avait poussé le millionnaire à me citer le proverbe en question. Bien plus, il m'avoua avoir fait sa cour deux années entières à sa jeune épouse, et avoir visité trois fois l'an ses plus proches parents, en leur donnant chaque fois de l'airan, du beurre, de la venaison, du fromage, de beaux chevaux, de fines étoffes, en un mot le présent usuel des fiançailles.

Ce présent forme, d'après les usages suivis encore de nos jours, un important paragraphe dans les lois conjugales de la Tartarie, mais il n'en est pas question quand la femme recherchée est veuve, quand elle a quitté son mari ou que celui-ci l'a répudiée. Il est interdit à un Tatar d'épouser une femme de son sang, quand bien même elle serait d'un degré très-éloigné; mais le mariage est toléré entre les alliés les plus proches. Ainsi notre hôte avait épousé sa propre nièce, obéissant en cela à sa conscience, non de chrétien-grec, mais de Tatar.

Diplomatie tatare.

La transgression de la loi mosaïque dans le cas précédent, avait eu pour conséquence qu'un chef de la tribu, nouvellement élu, avait commencé par exiger de notre patriarche un certain nombre de beaux et bons bœufs comme expiation. Cette exaction, plus ou moins légitime, poussa le Tatar à se mettre à la tête d'une intrigue ayant pour but de déposséder le nouveau chef de son autorité. Espérant trouver près de moi conseil et appui pour son entreprise, il convoqua tous les chefs, jusqu'aux plus éloignés, et d'autres personnes influentes. Cela fut fait à mon insu, pendant la nuit, alors que je reposais dans un profond sommeil. En m'éveillant, le matin, je pus reconnaître tous les apprêts d'un banquet. On tuait des brebis, on cuisait des œufs, on enfournait le pain, on préparait des fromages, et l'on versait du lait dans de larges vases. Une marmite de fer gigantesque avait été remplie de lait aigri, puis placée sur le feu. On l'avait fermée d'un couvercle de bois qui était formé de deux parties, dont l'une était percée d'un trou. A ce trou communiquait un tube de bois recourbé, dont l'autre extrémité aboutissait à un pot de fer, qui, de son côté, se trouvait dans une chaudière remplie d'eau chaude. Tous les trous et toutes les fentes du couvercle de la marmite, du tube ou du pot de fer avaient été bouchés avec de l'argile. Aussitôt que le lait commença à bouillir dans la marmite, le délicieux airan passa par le tube dans le pot de fer. Tout ce qui resta de lait aigre dans la marmite fut plus tard converti en fromage.

Au milieu de ces préparatifs, les conviés s'étaient réunis jusqu'au nombre de vingt environ. Aussitôt entrés dans la tente, ils se placèrent en rond autour du foyer, s'assirent les bras et les jambes croisés, et fumèrent leurs pipes dans le silence le plus absolu. Une personne qui n'eût pas été familiarisée avec les Tatars, n'aurait pu certainement s'empêcher de frissonner sous leurs regards, aussi sombres que la couleur de leur peau, de leurs cheveux, de leurs vêtements. Pour ma part, je ne ressentis aucune crainte; seulement j'attendis avec impatience le résultat ou la décision de ce conseil. Pendant cette attente, le soleil était déjà monté à l'horizon assez haut pour que ses rayons pénétrassent dans la tente par le trou destiné à la fumée, et pour qu'une raie lumineuse se projetât sur les visages farouches des Tatars. La marmite d'aïran ne tarda pas à être retirée du feu; le produit de la distillation fut mis en bouteille, et l'hôte tira de sa caisse une coupe d'argent de mode un peu ancienne, mais très-profonde; puis quelques mouvements significatifs se firent enfin remarquer dans l'assemblée. Chacun secoua les cendres de sa pipe, toussa, tisonna, cherchant d'une manière ou d'une autre à attirer l'attention. La coupe d'argent commença sa ronde parmi les convives; bouteilles sur bouteilles furent vidées; des gigots bien gras, d'énormes fromages, des œufs durs comme la pierre, succédèrent immédiatement aux libations. On pouvait dès lors entendre quelque bruit dans cette assemblée jusqu'alors silencieuse, mais les assistants étant pour la plupart des personnes de haut rang, ils gardaient dans leur tenue une certaine réserve, et n'absorbaient d'airan qu'autant que leur cerveau pouvait en supporter.

Quand le repas, qui forme toujours le premier acte des entreprises tatares se fut accompli dans toute son ordonnance, les invités se rassemblèrent devant la tente pour un conseil préalable, tandis qu'ils me faisaient asseoir à une table chargée de fromages, d'œufs et d'autres mets. Après un peu de temps, quelques-uns des conjurés entrèrent dans la tente et se répandirent, tant en leur nom qu'au nom d'un grand nombre de leurs voisins, en plaintes et griefs contre le chef de la tribu. Les plaignants pensaient appuyer sur ces griefs leur tentative pour le déposer. On souhaitait de m'avoir pour adhérent, et les députés me donnaient à entendre que mes peines ne resteraient pas sans récompense. Si je n'avais fermé l'oreille à de douces insinuations, on pensait m'offrir, à titre d'honoraires, comme avocat, une paire de chevaux. D'un autre côté, le chef, qui était le malheureux objet de ces intrigues, avait aussi sollicité mon appui, mes conseils dans la même affaire, et il m'avait offert une voiture de voyage de la fabrique de Kasan. Ainsi j'aurais pu avoir, sans bourse délier, des chevaux et un équipage; mais comme je ne suis pas bien familiarisé avec la jurisprudence, je refusai les doubles offres et continuai ma route avec des chevaux et une voiture de louage.

Steppe de l'Utba.

Quand je me séparai des aristocrates tatars et revins de nouveau à la steppe, vers midi, le soleil avait des rayons aussi brûlants que dans la canicule, et le thermomètre marquait 27 degrés au-dessus de zéro, bien qu'il y eût encore de grandes masses de neige dans les montagnes de Sayans. L'atmosphère était chargée de vapeurs suffocantes qui provenaient sans aucun doute des masses de neige entassées à l'horizon. Bien qu'unie en apparence, la steppe était couverte çà et là d'une espèce d'iris, dont les racines et les tiges épaisses imprimaient à la voiture des secousses fort incommodes. Comme d'habitude, on voyait sur la steppe de nombreuses tentes, des troupeaux, des bergers et des bergères. Souvent j'apercevais des Tatars ivres suant et trébuchant sous le poids de leurs peaux de mouton, et plus loin, des jeunes filles assises et cousant au milieu du gazon.

Tandis que j'examinais ce paysage, je ne tardai pas à faire la rencontre de quatre chefs tatars qui s'avançaient sur leurs chevaux rapides comme l'éclair. Les quatre cavaliers galopaient devant moi sans dire un seul mot; mon cocher suivait leurs traces, et comme alors les cahots étaient devenus beaucoup moins pénibles, j'en pus conclure que ces braves gens étaient venus pour me montrer le chemin, ayant sans doute remarqué, de leurs tentes, que mon cocher ne savait pas éviter les tiges d'iris.

Ces cavaliers me fournirent l'occasion de renouveler une remarque souvent faite, à savoir que le Tatar est bien plus à l'aise sur le dos d'un cheval que sur ses propres pieds. Lourd et chancelant dans sa démarche, il est au contraire assis en selle aussi commodément que si la nature ne lui avait pas assigné d'autre place. Qu'il soit à jeun ou qu'il soit ivre, endormi ou éveillé, le Tatar sur ses étriers est toujours plus ou moins à l'abri du danger. C'est l'effet en partie de l'habitude, en partie aussi de l'étroite intimité qui unit le cavalier à son cheval. Chaque Tatar un peu aisé a un cheval de prédilection qui lui est plus cher que sa femme et que son dieu ; bien loin de le surmener et de le tyranniser, il le caresse à chaque instant du jour et le ménage comme la prunelle de ses yeux. De son côté, le cheval voue à son maître toute la sollicitude dont il est susceptible, surtout pendant les heures de faiblesse de celui-ci. Ainsi j'ai entendu des Tatars m'affirmer qu'un bon cheval ne s'éloigne jamais de son cavalier, quand, par hasard il arrive que, pris d'ivresse ou de sommeil, ce dernier tombe de selle et reste gisant sur le sol. Plus d'un nomade même est convaincu que le cheval a conscience des pensées, des plans, des desseins de son cavalier, et qu'il partage ses joies, ses peines, ses soucis. Dans les anciens chants héroïques, on voit souvent le coursier se présenter pour aider son maître à l'heure du péril, et quand le cavalier tombe pour ne plus se relever, le cheval, le suit fidèlement dans la mort. Aussi le cheval chez les Tatars, n'est-il pas une bête de somme, mais le meilleur ami de son maître et le compagnon de toutes ses épreuves.

Les quatre cavaliers m'accompagnèrent pendant environ dix verstes jusqu'à la petite rivière Uibat. Là, au lieu de m'embarquer pour continuer mon voyage, je fis un détour à droite et je m'occupai de la recherche des inscriptions qui, d'après les indications de certains voyageurs, doivent se trouver sur quelques pierres tumulaires situées à environ quinze verstes au-dessus de l'embouchure de l'Uibat. J'allai, d'oulous en oulous, questionnant les jeunes et les vieux; personne cependant ne put me donner le moindre renseignement sur les inscriptions mentionnées. Pendant que je me livrais à cette chasse à la lettre moulée, le soleil commençait à disparaître derrière les montagnes, et je me trouvai amené à chercher l'hospitalité pour la nuit dans un oulous habité par trois frères très-riches et une foule de leurs serviteurs. Les trois frères étaient mariés, et par suite habitaient chacun une tente particulière, car par suite d'un usage généralement suivi chez les Tatars, chaque famille doit avoir sa demeure propre. Aussitôt qu'un fils se marie, il quitte à l'heure même la tente de son père; une fois mariés, les frères ne peuvent plus habiter sous le même toit, et à l'époque où régnait la polygamie, chaque femme avait sa tente particulière. Malgré cela, les membres de la famille vivent en paix et en bonne intelligence, laissent leurs propriétés indivises, mangent à la même table, et continuent à exercer une hospitalité commune. Le père, habituellement, gère les biens de la famille; après sa mort, c'est toujours le fils aîné qui prend sa place. Ainsi, dans le campement dont je parle, le plus âgé des trois frères était revêtu de la puissance paternelle, et, bien qu'il n'eût que vingt-deux ans, il était révéré de toute la famille, et particulièrement du personnel féminin. En sa présence, les femmes de ses deux frères n'osaient point faire un pas en dehors des limites du département culinaire, et, au moindre avertissement, toutes se précipitaient hors de la tente. L'hôtesse nous fit seule un accueil engageant; un garçonnet de sept ans, qui était couché sur le divan derrière le rideau, faisait des grimaces enfantines, et jetait sur moi des regards espiègles. Étendu devant le feu, je considérai longtemps cette mimique singulière, jusqu'à ce que la dernière bûche fût consumée, et que le jeune étourdi se fût endormi à côté de son père qui ronflait déjà.

Ayant repris le lendemain mon voyage, je remarquai que la steppe commençait à s'élever insensiblement au-dessus du niveau de l'Abakan. J'atteignis bientôt une petite montagne, d'où la vue s'étendait au loin sur une nouvelle steppe. Parmi le grand nombre d'objets qui d'ici se présentaient à mes yeux, un oulous méritait particulièrement d'être remarqué, car il tranchait d'une manière frappante avec ceux que j'avais vus jusqu'alors. Au lieu d'être en écorce, la tente que j'apercevais était en feutre, et quelques petits hangars, construits à la mode russe, la flanquaient. En outre, il y avait là de nombreux enclos pour le bétail, de grandes provisions de foin, etc. Étonné de tout ce luxe, j'entrai en conversation avec mon cocher, et j'appris de lui que cet oulous était un campement d'hiver. Ce sujet l'amena à m'apprendre que les Tatars Katchintz occupent trois demeures différentes, pendant le cours de l'année, au printemps, en été et en automne. Ceux qui possèdent de riches troupeaux changent même plusieurs fois de séjour pendant l'été, ce que ne peuvent faire les familles pauvres. Plusieurs n'ont pas non plus de demeures de printemps. Les stations d'été, de même que celles de printemps, sont établies dans des lieux qui fournissent de bons pâturages. Mais le Tatar fixe toujours son établissement d'hiver dans un terrain boisé, sur une rivière ou sur un lac. La station d'hiver est sa demeure réelle. C'est là qu'est sa tente de feutre, là que sont ses prairies et même ses champs; c'est ici qu'il construit ses parcs pour les bestiaux. Dans ces parcs il ne nourrit pas son bétail tout l'hiver, mais seulement dans les mauvais jours, lorsqu'une neige trop profonde couvre la steppe. Les chevaux non domptés ne sont jamais réunis dans les enclos, qui reçoivent seulement les chevaux privés, les vaches, les moutons, les chèvres. La crainte des bêtes féroces engage à y faire toujours entrer les bestiaux pendant la nuit.

Quand j'arrivai au campement que j'avais aperçu du haut de la montagne, la soirée était déjà assez avancée pour que les bergers ramenassent leurs troupeaux dans les parcs. Un vieux Tatar me donna l'hospitalité pour la nuit; quant au repos, il n'y fallait pas songer, car dans un lieu où sont rassemblés des centaines de vaches, de moutons et de chèvres, il y a toujours exubérance d'une musique propre à briser les tympans et à chasser le sommeil pour toute une semaine. Heureusement mon hôte était de la famille des poëtes, et je passai presque toute la nuit à entendre ses anciens chants héroïques. A la rigueur, une harpe à deux cordes aurait dû les accompagner, mais de cette manière la nuit aurait pris fin avant un seul des récits du vieux barde; je laissai donc le vieillard faire selon ses désirs et ne me communiquer qu'en abrégé la substance de ses meilleurs chants.

Comme les contemporains d'Homère les Tatars croient que le chant est la plus haute expression de la sagesse. Il n'est aucun être dans la nature qui puisse résister à sa puissance. J'ai entendu des Tatars raconter avec la foi la plus naïve comment les *sept Koudaïs* s'assoient sur la pointe d'un nuage et prêtent l'oreille aux chants qui se marient aux accords de la harpe. Les démons eux-mêmes sortent de la terre pour les entendre. Les oiseaux dans le ciel, les poissons dans les ondes, les quadrupèdes dans la campagne et même les rochers et les montagnes éprouvent le même ravissement.

Au point de vue historique, ces vieux chants tatars paraissent devoir fournir plus d'un éclaircissement précieux; ce qui fait cependant leur valeur principale, c'est l'empreinte de l'antique cachet mythologique qui y est contenue. Ils nous apprennent entre autres choses que les Tatars des anciens temps ont adoré leur plus grand dieu sous le nom de *Koudaï*, et que ce premier Déniurge avait, comme l'*Ahura masda* de Zorostre, des assesseurs : les sept Koudais. On se représente Koudaï comme habitant sur les nuages, et dans une légende, il est figuré assis derrière le rideau d'une tente, occupé à enregistrer sur un gros livre les naissances et les décès. Koudaï a beaucoup à faire sur la terre dont il a confié la direction aux héroïques *Khans*. Au-dessus d'eux il a placé *Oulou-Khan* (grand Chan), qui d'après un livre écrit, fait connaître sur la terre la volonté de Koudaï. Une tradition veut que ce lieutenant de Koudaï soit né en même temps que la lumière; que la maladie ni la mort n'aient aucune puissance sur lui, et que son âge varie suivant les phases de la lune. La tradition nomme beaucoup d'autres héros qui ont été doués par Koudaï d'une nature immortelle, mais elle ajoute qu'avec le temps, ils ont commencé à défier Koudaï lui-même, et qu'en punition de leur révolte, ils ont été changés en pierres. Tous les blocs informes que l'on rencontre en foule sur les steppes de Sayans, doivent avoir été autrefois des héros et des héroïnes célèbres.

Dans la même mythologie, Koudaï représente le bon principe, tandis que tous les mauvais sont désignés sous le nom d'*Aïnas*, êtres qui sont les ennemis de Koudaï. C'est sous terre qu'est leur royaume, et ils sont gouvernés par un chef qui est appelé *Irle-Khan*. De même que les héros jouissent de la protection de Koudaï, les chamans sont, à ce que l'on croit, en bonne intelligence avec Irle-Khan, cet Ariman de la steppe, et ils ont à leurs ordres un certain nombre d'Anaïs qu'évoquent leurs conjurations. Les Anaïs sont de leur nature des esprits invisibles, mais ils prennent souvent la forme d'hommes, de serpents, de chiens, de renards, d'oiseaux.

Jadis un culte était aussi rendu aux rochers élevés qui, en signe de leur sainteté, portaient des images peintes ou gravées; on honorait aussi les tombeaux et les figures de pierre dont nous avons parlé. Parmi les arbres, le tilleul reçoit chez les Tatars le même culte que le sorbier chez les Finnois. L'adoration du serpent et de l'ours leur est commune, comme à beaucoup d'autres tribus. Divers oiseaux sont aussi regardés comme sacrés par les Tatars, mais c'est le cygne qui jouit de la plus haute considération. Les Tatars témoignent du cas qu'ils font de cet animal par l'usage suivant généralement observé. L'un d'eux a-t-il tué un de ces oiseaux, il l'emporte chez son voisin, qui le régale d'airan, et auquel il fait présent de sa précieuse proie, en retour de laquelle ce dernier est obligé de lui livrer son meilleur cheval. Le nouveau possesseur du cygne va, à son tour, chez son plus proche voisin, et fait avec lui un échange non moins avantageux. Le cygne voyage ainsi d'une tente à une autre; mais on comprend qu'à la fin il doit rester entre les mains de quelqu'un qui, à son corps défendant, est obligé de troquer son meilleur cheval contre un oiseau faisandé.

Descente d'Aile de Cygne aux enfers.

On ne s'étonnera pas, d'après ce qui précède, que le cygne joue un grand rôle dans la mythologie des Tatars et dans les légendes de leurs rapsodes. A côté des Aïnas, ces démons qui habitent les entrailles de la terre, il y a les quarante femmes-cygnes, filles du génie de l'abîme, et bien dignes de leur père; les Valkiries Scandinaves, les furies helléniques ne sont auprès d'elles que de pâles et mièvres mijaurées. Le cygne fournit aussi le radical de la plupart des noms des héroïnes célèbres, telles que : *Plume de Cygne*, *Col de Cygne*, *Blancheur de Cygne*, etc. Enfin la descente d'*Aile de Cygne* aux enfers n'est pas moins populaire sur les bords de l'Yéniséi que pouvait l'être, il y a dix-huit siècles, sur les rives du Tibre, le sixième chant de l'*Énéide.*

C'est le sujet d'un poëme qui renferme tout à la fois l'idéal de la femme chez les Tatars des anciens jours et le résumé de leurs croyances apocalyptiques; à ce double titre un extrait de ce curieux morceau trouve ici sa place naturelle :

« .... Comdaï le fort guerrier, en butte aux embûches des Aïnas et de leurs commères les femmes-cygnes, ayant fait une chute de cheval et s'étant cassé la jambe, le magicien Trompeur est survenu et lui a tranché la tête.

« Coubaïco, l'Aile de Cygne, sœur de Comdaï, a appris la catastrophe par le coursier à voix humaine que montait son frère.

« La jeune fille supplia le noble animal de la conduire par le chemin qu'avait pris le Trompeur en emportant la tête de son frère, et, par lui guidée, elle arriva jusqu'en enfer.

« Elle y aperçut les traces encore fraîches du cheval du Trompeur, et sur le chemin, elle vit sept cruches et une vieille femme qui, sans discontinuer, versait du lait d'une cruche dans l'autre.

« Plus loin était attaché, au milieu de sables arides, un cheval qui avait conservé son embonpoint.

« A quelque distance, un cheval efflanqué était attaché à une longue corde, au milieu d'une herbe qui lui allait aux genoux, et qui était arrosée par un ruisseau.

« Cheminant plus loin, la jeune fille aperçoit un ruisseau barré par la moitié du corps d'un homme, chose d'autant plus curieuse, que près de là un cadavre tout entier était inondé par le même ruisseau.

« Aile de Cygne rencontra ensuite une fille assise sur le chemin, et descendant de son cheval, elle lui demanda : « Es-tu née ici, ou bien sous la blanche lumière?

« — Je m'appelle Sang Pur, répondit la jeune fille, c'est Koudaï lui-même qui m'a créée. Je vivais sur la terre : l'Archer Sanglant (Kan Mirguenn) est mon frère. Pendant son sommeil, un messager l'a lié aux pieds et aux mains et l'a remis aux seigneurs de l'enfer, parce qu'il refusait de payer l'impôt. Ils font griller mon frère, et je suis venue pour tâcher de le délivrer. Mais en approchant j'ai entendu retentir de terribles coups de marteau, et de frayeur je m'en retourne. Si tu arrives jusqu'à mon frère, remets-lui ce mouchoir de soie pour qu'il puisse essuyer son corps que le feu dévore ! » Elle dit et s'en retourna au pays du soleil.

« Mais Aile de Cygne s'enfonça plus avant. Elle arriva jusqu'à la maison aux quarante compartiments, où demeurent les seigneurs de l'enfer. On entendait un grand bruit de pilons. Quarante hommes forgeaient des marteaux, quarante forgeaient des scies, quarante forgeaient des tenailles.

« Elle s'arrêta devant un mélèze portant cette inscription : « Ce mélèze naquit au temps où la terre « et les cieux furent créés par Koudaï. Ni homme « ni bête n'est encore arrivé vivant sous ces ra- « meaux. »

« Aile de Cygne attacha son cheval au mélèze et entra bravement. Derrière elle la porte se ferma. Grande était l'obscurité : ne pouvant avancer ni reculer, elle errait çà et là, et violemment tiraillée par ses vêtements elle se sentait ballottée dans l'espace. Elle étendait les bras pour saisir ses persécuteurs, mais en vain, car ils n'avaient pas de corps.

« Ne pouvant retenir son effroi, elle poussa un grand cri. Alors la porte s'ouvrit, l'espace s'éclaira, et un seigneur de l'enfer apparut et retourna sur ses pas en silence.

« Aile de Cygne, le suivant à travers la demeure infernale, arriva dans une salle où filaient beaucoup de vieilles femmes. Plus loin, d'autres vieilles, toutes cassées et souffreteuses, étaient assises; elles s'étouffaient à avaler des paquets de chanvre.

« Un troisième espace était rempli de femmes de trente à quarante ans, de grosses pierres qu'elles ne pouvaient soulever s'étaient attachées à leurs bras et à leurs nuques.

« Dans un quatrième compartiment, beaucoup d'hommes étaient assis, le cou attaché par des cordes roides à de gros arbres; les yeux et la langue leur sortaient de la tête.

« Plus loin couraient des hommes avec des arcs à la main. Eux-mêmes se transperçaient de flèches et profondément gémissaient.

« Un peu plus loin, des hommes se tailladaient le corps avec des couteaux ; ils geignaient et se lamentaient.

« Dans une septième enceinte des hommes et des chiens, tous enragés, se mordaient les uns les autres.

« Ensuite elle vit des hommes et des femmes couchés sous des couvertures faites avec neuf peaux de moutons cousues ensemble, mais le mari en tirant la couverture découvrait la femme et celle-ci faisant de même, ils s'exposaient réciproquement aux atteintes d'un froid glacial.

« Non loin de ces couples désunis, on en voyait d'autres se promener la main dans la main, et se souriant.

« Aile de Cygne arriva ensuite dans un dixième compartiment, vaste comme une steppe. Là se tenaient les huit seigneurs, et un neuvième, leur chef, était assis au milieu. Devant eux s'inclina profondément Aile de Cygne.

« — Dites-moi pourquoi le Trompeur a coupé la tête de mon frère et vous l'a apportée?

« — Le Trompeur a fait selon nos ordres. La tête de ton frère est ici, mais il te sera moins facile de la revoir que de perdre la tienne. Nous avons un mouton dont le corps est engagé dans la terre. Si en tirant le mouton par les cornes tu le remets sur ses pieds, on te rendra la tête de ton frère. Sinon nous trancherons la tienne, que nous mettrons à côté de celle que tu réclames. »

« — Ainsi dirent les seigneurs de l'abîme, et ils conduisirent Aile de Cygne à travers neuf salles remplies de têtes d'hommes, et en apercevant celle de Comdaï, Aile de Cygne se mit à pleurer amèrement.

« Dans la dixième chambre était le mouton. La fille le prit par ses sept cornes, et à son premier effort elle le dégagea jusqu'aux genoux, au second elle l'éleva jusqu'à sa belle ceinture, et au troisième jusqu'à ses épaules. Alors les seigneurs s'inclinèrent, lui rendirent la tête, et s'en allèrent lire dans un grand livre l'histoire de Comdaï et combien sa cause était juste.

« — O forte héroïne, lui dirent-ils, on nous a envoyé un homme pour le brûler, et nous ne pouvons en venir à bout. Que nous faut-il faire? » Et à travers les neuf ateliers des forgerons, ils la conduisirent devant un brasier où brûlait l'Archer Sanglant.

« En voyant Aile de Cygne, l'Archer Sanglant se souvint de sa sœur et lui demanda en pleurant de prendre pour sœur Sang Pur quand elle retournerait sur la terre.

« — Pourquoi tourmentez-vous l'Archer Sanglant?

« — Parce qu'il a refusé de payer le tribut à son seigneur.

« — Si vous ne le délivrez de votre plein gré, dit Aile de Cygne, je vois venir le temps où il se délivrera lui-même et se vengera de vous. » Elle dit et remit au supplicié le mouchoir que lui envoyait Sang Pur.

« — Montrez-moi et expliquez-moi les merveilles de votre royaume ! » demanda-t-elle aux seigneurs. Ceux-ci appelèrent six joueurs de cartes et sept joueurs de violon, et les désignant à Aile de Cygne :

« — Nous punissons, dirent-ils, ces misérables, qui dans leur vie ne faisaient que se griser, se rosser et tricher au jeu.

« La femme que tu as vue versant du lait sans relâche a dans le temps de sa vie mélangé d'eau le lait de ses hôtes. En punition, elle devra extraire éternellement l'eau de son lait.

« Celui dont la moitié de cadavre arrête un fleuve entier n'endure aucune punition, il est là pour faire comprendre qu'un homme, même privé de l'usage de ses membres, peut encore, par la seule force de son intelligence, accomplir de grandes choses. Mais l'homme stupide ne pourrait avec son corps tout entier arrêter un filet d'eau.

« Ce cheval si gras au milieu du désert montre qu'un homme avisé peut tenir son cheval en bon état, même en manquant d'herbe et d'eau, tandis que, par la faute de son maître, le cheval de l'insensé peut périr dans la plus belle des prairies.

« Ces êtres invisibles qui te persécutaient dans l'obscurité et te tiraient par les habits sont nos serviteurs, qui font du mal aux méchants, et les tuent quelquefois, mais sont impuissants contre les bons.

« — Et ces femmes qui filaient? demanda Aile de Cygne.

« — Ces femmes sont condamnées à filer éternellement, parce que sur terre elles ont filé après le coucher du soleil, alors qu'elles auraient dû se reposer du travail.

« Les paresseuses qui s'évertuaient à avaler du chanvre sont punies pour avoir volé du fil en laissant vide l'intérieur du peloton; c'est pour cela qu'elles avalent des écheveaux, et que leur gosier est bourré de filasse.

« Les femmes portant de lourdes pierres attachées au cou et au bras, sont celles qui ont caché des pierres dans leur beurre pour le rendre plus lourd; elles en pâtiront éternellement.

« Et les hommes que tu vois le cou serré dans des cordes, et attachés à de gros arbres, se sont pendus et suicidés.

« Ceux que tu as vus percés de flèches se sont tués parce qu'ils étaient malheureux en ménage. Ceux qui portent de l'eau sont morts victimes de leur ivrognerie.

« Les hommes enragés ont été mordus par des chiens qu'ils avaient eux-mêmes excités.

« Les couples qui se gèlent sous une ample couverture sont punis pour s'être disputés pendant leur vie, en cherchant chacun son propre intérêt.

« Au contraire, les couples unis et souriants sont un exemple pour les méchants leurs voisins, qui en voyant leur concorde et leur harmonie sont encore plus malheureux. »

« Ainsi parlèrent les seigneurs de l'enfer, puis Aile de Cygne remonta au pays du Soleil avec la tête de son frère. »

De quelle époque date ce morceau étrange tout empreint, jusque dans sa métaphysique rudimentaire, de la sauvage et sombre grandeur des steppes et des cieux du Nord? On ne saurait le dire. — Seulement il doit remonter bien haut dans les siècles, si on en juge par la distance qui le sépare de la grossière vulgarité des chants des modernes Tatars.

Les tribus de l'Abakan. — Leurs trouvères modernes.

Après avoir visité les campements des Katchintz du cercle de Minousink, Castren passa plusieurs semaines dans la steppe kaïbale qui s'étend le long de la rive droite de l'Abakan, entre l'Yénisei et la rivière Tabat, affluent de l'Abakan :

« Je faisais de temps en temps, dit-il, de courtes excursions dans les villages environnants ; partout régnaient le dénûment et la misère, mais les pauvres gens me parurent valoir beaucoup mieux que leur réputation. On impute aux Kaïbales différents vices, et surtout le vol, mais en l'absence de toute loi, cette dernière faiblesse est presque pardonnable à une population que la misère étreint. Je ne puis m'empêcher de mentionner ici une aventure qui jettera peut-être quelque lumière sur ce point. Un pauvre Kaïbale avait eu pour sa part dans l'héritage paternel un mouton sur lequel il veillait avec tant de sollicitude qu'il passait la nuit à côté de lui, et, en dormant, tenait à son bras la corde dont l'autre bout était fixé au cou de l'animal. De cette manière, le Kaïbale croyait bien ne rien avoir à craindre pour la possession de son mouton, mais voilà que dès l'aube était à l'affût derrière un buisson un coquin de Russe, un déporté vagabond, qui avait jeté les yeux sur la pauvre bête. Dès que la nuit eut répandu l'obscurité sur la terre, le drôle sort en rampant de sa cachette, s'avance vers l'indigène qui ronflait déjà, coupe la corde, et s'enfuit avec sa proie. Que l'on se figure la stupéfaction et le désespoir du pauvre Kaïbale quand, le matin à son réveil, il ouvrit les yeux, regarda autour de lui et vit son héritage disparu, tout son bien en ce monde évanoui. Cependant il a appris de l'Européen l'art d'acquérir le bien d'autrui à bon marché, et il n'y aura pas lieu de s'étonner si, lui aussi, sait plus tard mettre à profit les ténèbres.

« Comme j'errais un soir de dimanche sur la steppe kaïbale, j'arrivai assez tard dans un misérable Oulous (c'est le nom de leurs hameaux ou campements), où l'obscurité et l'imminence de la pluie me contraignirent à passer la nuit dans une des tentes. Bien que la meilleure de toutes, cette tente était éminemment malpropre, et tellement détériorée, que le vent et l'eau du ciel se faisaient librement passage à travers l'écorce de bouleau. A mon arrivée, les habitants étaient étendus ivres-morts sur le sol, à l'exception de l'hôtesse. Autour du feu, se roulaient dans la poussière quelques enfants nus qui, pleurant de faim, étendaient leurs bras et leurs langues vers une marmite suspendue au-dessus du foyer. Animés par l'espoir d'être admis au partage, les chiens se glissaient aussi autour du feu, en agitant leurs queues noires. Les veaux et les brebis, effrayés par la tempête, présentaient souvent leurs têtes à la porte de la tente, et, par des bêlements sonores, exprimaient leur désir d'y trouver un asile. Bien qu'évidemment on eût eu l'attention de me délivrer de cette société, les suppliants se firent entendre avec de telles instances que l'hôtesse fut obligée de mettre un coin de la tente à leur disposition.

« Enfin la marmite fut retirée du feu, et l'hôtesse plaça une jatte de viande devant les hommes ivres, après les en avoir avertis d'une manière qui n'était pas des plus douces. Je m'aperçus qu'avant le commencement du repas, la ménagère jeta un morceau de viande dans le feu, et comme je lui demandais ce que cela voulait dire, elle me répondit : « Le feu aussi est un dieu. » Elle en fit autant dans l'eau, et là-dessus me conta que les Tatars ont coutume d'offrir les prémices de certains mets à la rivière ou au lac voisin; elle m'apprit enfin que l'on devait présenter à l'orient la première portion de chaque plat, bien que cette cérémonie fût moins strictement observée aujourd'hui. Toutes ces sortes de sacrifices étaient, selon son expression, une obligation de la ménagère, et elle croyait que la mère de famille qui, dans l'accomplissement de ces devoirs, commet quelque infraction, s'expose au péril d'aller dans le royaume d'*Irle-Khan*, et de souffrir les mêmes peines que ceux qui travaillent après le coucher du soleil, ou qui presentent à leurs hôtes du lait coupé avec de l'eau.

« Pendant que je m'entretenais ainsi avec la maîtresse de la maison, un Kaïbale dont les vêtements étaient en lambeaux entra dans la tente. Dès son arrivée, il fit connaître qu'il se nommait Sabakin (le chien), et effectivement il faisait honneur à son nom. Puis il se mit à raconter ses actions, parla avec impudence de son ivrognerie, et de ses rixes, étala les blessures, qu'elles lui avaient valu, avec la fierté d'un brave soldat montrant les cicatrices de ses combats. Il ne tut aucun de ses vols, et laissa percer une grande joie du mal qu'il avait fait au prochain; puis désignant trois femmes qui étaient dans la tente, il s'exprima avec la même liberté : « Toutes ces créatures ont été jadis mes femmes, mais je les ai l'une après l'autre répudiées. » Après quelques minutes de réflexion, on l'entendit marmotter ces mots : « J'aurais bien pu garder encore celle qui a de belles épaules. » Là-dessus il s'approcha de la femme ainsi désignée, et s'asseyant à ses côtés, se fit donner une harpe à deux cordes, puis chanta une romance dont voici le sens en humble prose :

« Tjenar-Kous possédait beaucoup de tentes, beaucoup de serviteurs et de nombreux troupeaux. Déjà avancé en âge il prit une femme jeune et belle. Il l'aimait tendrement, mais il craignait de n'être pas payé de retour, et il résolut de mettre son épouse à l'épreuve. Un jour il fit mine d'aller visiter ses troupeaux sur la steppe; mais, arrivé à une certaine distance de la maison, il se laissa glisser de sa selle, et demeura immobile sur la place comme s'il était mort. Voyant leur maître gisant ainsi à terre sans mouvement, des bergers coururent à la tente et racontèrent ce qui venait d'arriver. A cette nouvelle, la femme s'élance sur un cheval, court à son mari et commence à pleurer à ses côtés. Tjenar-Kous n'ayant pas confiance dans les larmes de sa femme, continua à rester étendu sur le sol. Dans son désespoir, la femme tira un poignard de sa gaîne, en disant : « Si tu n'es plus, Tjenar-Kous, je ne veux pas demeurer davantage sur la terre, jamais on ne dira que celle qui a été l'épouse de Tjenar-Kous a, devenue veuve, été réduite à chercher un autre mari. Non, je ne me séparerai pas de toi, mon seigneur et mon époux. » Comme Tjenar-Kous ne se relevait pas encore, elle se frappa la poitrine du poignard, et tomba morte à ses côtés. Alors Tjenar-Kous se repentit d'avoir soupçonné sa femme d'indifférence, et pendant sa vie entière, il versa des larmes sur sa fidèle épouse. »

CHAPITRE V.

LE BASSIN DE L'YÉNISÉI (SUITE).

L'Yénisei en aval Krasnoiarsk. — Tribus Toungouses et Ostiakes de ses rives. — Particularités qui les distinguent. — Visites successives à un prince toungouse et à son collègue ostiak. — Richesse du premier, pauvreté du second. — Costumes et danses. — Rivalité de l'Yénisei et de l'Angara. — La ville d'Irkoutsk.

Autour de Krasnoiarsk le paysage en été peut être appelé *beau*, grâce à l'aspect varié des montagnes et des vallées où l'agriculture a pris plus de développement que sur tout autre point au delà de l'Oural. Cette partie du bassin de l'Yénisei est un des plus favorisées de toute la Sibérie. Les minéraux précieux abondent dans les montagnes qui l'encadrent, et la garantissent des vents violents de la plaine sibérienne ; les cours d'eau qui les baignent donnent lieu à d'innombrables lavages d'or, et le grand Yénisei roulant ses larges ondes à travers des champs fertiles couverts de seigle, de sarrasin, de tabac, imprime à toute la contrée le plus pittoresque caractère.

Dans le courant d'un beau mois de juin, Castren que nous suivrons encore ici, descendit le fleuve jusqu'à l'embouchure du Sym.

« On n'apercevait, dit-il, sur ce point ni comptoirs de chercheurs d'or, ni huttes de cultivateurs russes; mais on trouvait des habitations d'un genre particulier qui, malgré leur pauvreté, sont tout à fait dignes de l'attention du voyageur. Un prince toungouse et un prince Ostiak, avaient descendu la rivière Sym, et établi leurs cantonnements à son confluent, où chaque année, d'après une vieille coutume, ils se réunissent pour verser les tributs qu'ils doivent à la Couronne, et vendre leurs pelleteries aux marchands d'Yéniséisk, ville de 6 à 8000 âmes, située sur la rive gauche du grand fleuve et qui doit à ce commerce d'échange sa raison d'être et sa prospérité. Le marché annuel n'était pas encore ouvert, mais les tentes d'écorce étaient dressées et disposées de la manière habituelle. Elles se divisaient en deux groupes, dont l'un naturellement appartenait aux Toungouses et l'autre aux Ostiaks. Ces groupes se trouvaient à une distance considérable l'un de l'autre, par suite de la discorde qui continue à diviser ces tribus, différentes de langage, de mœurs, de religion. Au milieu des tentes ostiakes, on voyait se mouvoir des hommes

Vallée de l'Yénisëi, près de Krasnoiarsk.

des femmes, des enfants, des chiens; du côté des Toungouses, on n'apercevait que des visages masculins. On expliquait cette différence par ce motif que les Toungouses possèdent des petits troupeaux de rennes, dont ils laissent la garde à leurs femmes et à leurs chiens. L'Ostiak, au contraire, est un homme plus dégagé de soucis, qui est tout au plus possesseur d'une femme, d'enfants, de quelques chiens, d'un traîneau et d'une tente d'écorce, et ne s'embarrasse pas des choses qu'il peut sans difficulté se procurer sur le marché annuel.

« J'apercevais sur les deux rives de l'Yénisséi des barques et des bateaux en quantités innombrables. Les embarcations des indigènes, renversées en lieu sec, étaient faites, les unes d'un seul tronc d'arbre creusé, les autres de morceaux d'écorce unis ensemble ; les premiers appartenaient aux Ostiaks, les seconds étaient de manufacture toungouse. Autour des tentes, outre les enfants et les comestibles, on distinguait une ample provision de corbeilles, de coffres, d'ustensiles de ménage faits, en grande partie, d'écorce de bouleau, et décorés avec art de nombreux ornements. Des arcs, des flèches, des haches et des couteaux formaient une sorte de trophée sur les parois extérieures des tentes. A l'entrée de celle des Toungouses, se dresse habituellement une épée nue, la *Paljma*, dont la pointe est en partie enfoncée dans la terre.

« Tandis que je considérais ces objets divers et nouveaux pour mes yeux, une troupe nombreuse de Toungouses se rassembla peu à peu autour de moi. Ils m'examinaient avec des regards indiscrets, échangeaient entre eux des sourires et paraissaient surtout émerveillés de mes lunettes. De mon côté, je ne considérais pas avec moins d'étonnement leurs faces jaunâtres, ornées de tatouages circulaires sur leurs pommettes saillantes, leurs longues tresses décorées au sommet de la tête de perles de verre, et leur costume tout à fait caractéristique. Le trait le plus remarquable du vêtement, parmi les Toungouses, est un petit frac en peau de renne brute ou chamoisée. Cet objet de toilette est d'ordinaire richement orné de perles de verre, de bandes en drap, de crins, etc.; et il est si étroit qu'on ne peut le boutonner qu'avec peine, car la mode toungouse exige que la poitrine reste ouverte, afin que les broderies de perles qui la décorent paraissent dans tout leur éclat. Les Toungouses du Sym étaient coiffés de petits bonnets tatars ronds brodés aussi. Leurs chausses courtes étaient faites de fine peau chamoisée, de même que leurs souliers qui, du reste, n'avaient aucune broderie. A une épaule, ils portaient une sorte de baudrier orné de perles, auquel une petite giberne brodée aussi quelquefois, était attachée.

« Dans ce costume léger et, à leur mode, plein de

Jeunes élégants toungouses.

goût, les Toungouses avaient dans leurs mouvements une agilité et une vivacité qui contrastaient singulièrement avec la lourdeur des Ostiaks, chargés encore de peaux de renne ou de lièvre en lambeaux, qu'ils portaient le poil en dehors. D'un autre côté, les traits fins du visage empreint plutôt du type tatar que du type mongol, et que n'altérait aucun tatouage, donnaient à ces derniers un avantage manifeste. A en juger seulement d'après la physionomie, le Toungouse est quelque peu rusé et cupide ; l'Ostiak, au contraire, est plus simple, plus pieux et plus serviable. Ces traits caractéristiques se révèlent aussi dans leurs actes. Mais revenons à notre sujet, et allons recevoir les deux chefs que l'on aperçoit à peu de distance.

Visites à des princes Indigènes ; — richesses de l'un, pauvreté de l'autre.

« Il va sans dire que, comme son peuple, le chef toungouse était vêtu avec un singulier éclat, tandis que son collègue ostiak portait une pelleterie, dont le dos avait été presque entièrement brûlé. Le premier m'aborda avec une certaine aisance, se découvrit, et me tendit le bout de ses doigts en signe de bienvenue ; le second me complimenta simplement par une poignée de main cordiale. Les deux princes voulant me faire honneur, se mirent chacun à mes côtés et m'accompagnèrent ainsi jusqu'à la tente du chef toungouse. Une troupe nombreuse d'Ostiaks et de Toungouses nous suivit; mais, à l'exception de moi, son hôte, le chef ne reçut dans sa tente que son frère, le prince ostiak, et quelques anciens de la tribu, ses proches parents. La demeure princière se composait d'une tente en peau de renne, avec le sol nu pour le parquet et quelques pierres pour le foyer. Le prince fit étendre par terre deux peaux de renne, sur lesquelles les assistants s'assirent autour d'un feu brillant. J'eus alors occasion d'observer de plus près le genre d'existence et le caractère particulier des Toungouses. Ces indigènes montraient dans toutes leurs paroles une finesse et une politesse rares ; et comme par hasard j'adressai une question sur la chasse de la zibeline, tout aussitôt ils devinrent sérieux et m'assurèrent d'une voix unanime que, depuis le temps de leurs pères, on n'en avait vu aucune. Cependant on sait très-bien que les Toungouses du Sym font encore une chasse lucrative à cet animal.

« Avec le secours du grand talisman sibérien, l'eau-de-vie, je réussis à toucher jusqu'à un certain point le cœur de ces nomades méfiants, si bien que quelques-uns d'entre eux se mirent, avec beaucoup de franchise, à me raconter leurs aventures de la forêt. L'un des assistants alla jusqu'à se découvrir le corps, et à montrer les cicatrices de treize blessures qu'il avait reçues dans un combat avec l'ours, le seigneur de la forêt.

« Saisi par le *Fort*, l'homme eût été infailliblement perdu, si ses chiens, venant au secours de leur maître, n'avaient occupé assez longtemps l'animal furieux pour permettre au chasseur de reprendre ses sens et l'offensive. Les Toungouses étaient très-prodigues de récits semblables ; mais pour tout ce qui regarde leurs mœurs, leurs usages et leurs pratiques païennes, ils se tiennent constamment dans une grande réserve. En revanche, ils exécutèrent, à la fin, des danses en s'accompagnant d'un chant qui n'était pas sans harmonie. Les danseurs, jeunes gens pleins de feu, se tenaient par les bras, et leur cercle étroit se resserrant toujours, finit par former une masse compacte, dans laquelle il était fort difficile de distinguer les individus. Pendant la danse qui avait lieu sur le sol nu, il semblait également impossible de discerner les efforts particuliers, comme si une force mécanique invisible avait communiqué un mouvement unique et cadencé à la masse du groupe.

« Les Toungouses me donnèrent encore, par le jeu suivant, une autre preuve de leur adresse dans les exercices gymnastiques. Deux personnes tenant les deux extrémités d'une corde, la faisaient tournoyer en l'air de toutes leurs forces, en ayant soin qu'elle ne touchât pas la terre. Dans le cercle qu'elle décrivait ainsi, un jeune gars nu-pieds s'élançait, soulevait de terre un arc et une flèche, bandait l'arc et lançait la flèche, sans laisser une seule fois la corde toucher à ses jambes nues. D'intrépides Toungouses exposent de la même manière leurs jambes nues au tranchant d'une *paljma*, qu'une autre personne, étendue sur le sol, fait tournoyer de toutes ses forces. On rapporte aussi, sur les opérations magiques de leurs chamans, des tours très-difficiles, ou tout au moins très-singuliers.

« Le prince ostiak va maintenant nous introduire dans sa tente. En approchant de ses huttes misérables, on sent comme un souffle de cordialité joyeuse, franche et naïve s'élever aussitôt du milieu de cette tribu en haillons. Il est doux de voir avec quelle bienveillance sincère ces vieillards chargés d'années nous souhaitent la bienvenue dans leur pauvre demeure, en s'inclinant humblement, et découvrant leurs têtes blanchies. Les femmes et les jeunes filles témoignent la part qu'elles prennent à cette réception, par leur empressement à retenir les chiens, à nettoyer le sol, à épousseter les tentes, et à faire leur toilette. La partie principale de cette opération consiste à se peigner et à natter ses cheveux. Pendant les jours ouvrables, les Ostiaks laissent tomber dans un désordre sauvage leur chevelure sur leurs épaules, sur leur front, leurs tempes; mais lors des fêtes, il est d'usage de la peigner et de la rassembler en une queue chez les hommes, chez les femmes en deux nattes qui descendent le long des joues. Les hommes endossent en outre leurs plus belles peaux de lièvre, mais les filles d'Ève n'ont qu'une chemise bariolée, enrichie d'une petite collerette et qui se ferme sur le sein.

« Le prince n'a nul souci de son costume; pour excuser l'état dénudé de la peau qui lui recouvre les épaules, il dit simplement qu'il n'en a pas de meilleure ; car pendant l'hiver qui vient de s'écouler, il n'a pris que 150 écureuils, 4 zibelines, et un petit nombre de renards, de loups et de bêtes sauvages. Admettons en effet que la chasse soit moins productive qu'autrefois, considérons en outre que, dans le cercle d'Yénisséisk un poud de farine (16^{kg},371) vaut 5 ou 6 francs, et nous nous sentirons de l'indulgence pour quelques trous à une pelleterie. D'ailleurs, la belle stature de ce prince, la régularité de son visage, et sur toutes choses, son cœur franc et amical peuvent bien faire passer sur quelque peu de négligence dans sa toilette.

« Mais fermons les yeux sur ces petites misères et entrons dans la tente du prince, pour faire une connaissance plus intime avec sa famille. Voici d'abord son père, vieillard infirme qui est assis derrière le foyer, où il paraît donner des conseils et des leçons à deux joyeux gars, évidemment ses petits-fils. La princesse est assise dans un coin reculé de la tente et, à notre arrivée, elle affecte de s'ocuper d'un petit enfant, afin de dissimuler son embarras. Bien que princesse, elle ne porte d'autre vêtement qu'une chemise, et n'a d'autre ornement que l'innocence placide de sa conscience. Je m'assis à une place que l'on me désigna à droite du foyer, à côté du prince, qui complétement immobile, était en conférence intime avec une bouteille d'eau-de-vie que j'avais confiée à sa sollicitude.

« Quand les communications du flacon eurent graduellement dissipé la somnolence naturelle aux Ostiaks, le prince se mit à raconter ses malheurs et ses souffrances pendant l'hiver précédent. Le pauvre homme n'avait épargné ni ses pas, ni ses peines, mais sans beaucoup de succès. Bien loin de demeurer oisif dans sa tente de tourbe, dès la première neige il s'était rendu sur les terres de chasse. Il avait erré dans la steppe et dans les bois; ne dressant sa tente de bouleau que dans le cas d'une nécessité absolue, il passait la nuit sur la neige nue. Que l'on s'imagine le désespoir de ce brave homme, quand après les fatigues du jour, il était étendu devant le feu, soigneusement entretenu par sa femme dans l'attente du gibier, et qu'il n'avait rapporté à cette digne compagne pas même un coq de bruyère. La chétive provision de farine et les poissons secs épargnés sur les besoins de l'été avaient été de bonne heure épuisés, et souvent l'on avait été réduit à dévorer la chair des loups et d'autres bêtes féroces. Certes une telle destinée exige de l'énergie.

Lorsque le prince eut achevé ses lamentations sur le temps présent, son vieux père commença à s'étendre sur le passé, où des renards noirs couraient dans chaque buisson, où l'on prenait des zibelines sur chaque tronc d'arbre. Les récits du vieillard faisaient voir clairement que l'époque de sa jeunesse était déjà devenue pour lui un rêve fantastique; car, outre ses merveilleuses chasses à la zibeline, dont le produit est comparable à celui d'une grande pêche, le vieillard parle des voyages des dieux sur la terre, de la fuite des chamans à travers les airs, de l'apparition des esprits, des querelles des magiciens, comme s'il en avait été le témoin oculaire. Ce qu'il dit des idées de ses pères renferme beaucoup de choses intéressantes, mais qu'il serait trop long de rapporter ici. Je veux seulement noter, d'après ses communications, que les Ostiaks de l'Yénisèi, quoique chrétiens, adorent encore trois puissantes divinités 1° le Dieu du ciel, qu'ils désignent sous le nom de *Es*. 2° une divinité féminine souterraine, que l'on appelle *Inelja*. 3° le dieu de la terre, l'*Ours*. Les Ostiaks s'imaginent que l'ours n'est pas un animal comme un autre, mais que sa peau n'est qu'un déguisement sous lequel il cache une forme humaine animée d'une puissance et d'une sagesse divines. Cette croyance règne effectivement parmi les Toungouses, les Samoyèdes et toutes les tribus finnoises ; l'Ostiak de l'Yéniséi fait en outre de l'ours, le gardien de tout le monde inférieur des esprits. L'ours partage ce pouvoir avec Inelja, mais tous deux paraissent être subordonnés au dieu du ciel.

Après cette rapide excursion dans le passé, nous revenons au temps présent, et nous allons voir un tir à l'arc, auquel les jeunes fils du prince nous ont amicalement invités. Les jeunes gens du village sont déjà réunis sur le terrain, distribués sur deux rangs, et d'un bras nerveux, ils essayent la force de leurs arcs. Derrière eux se trouvent de fraîches jeunes filles, réunies pour assister au spectacle. Il est à croire aussi que plus d'un jeune homme, dont le trait garni de fer vient d'atteindre cette cible de glace, s'efforce d'en décocher un autre plus doux dans le cœur de quelque spectatrice. Ce dernier but paraît être le seul véritable, et l'essentiel aux yeux du jeune homme qui vient de tirer n'est pas de frapper au centre de la cible, mais de montrer la vigueur de son bras. Aussi voyons-nous souvent ses regards perdus dans l'espace, où les traits semblent se poursuivre comme de rapides faucons. Les jeunes filles suivent d'un œil ravi chaque trait bien décoché et saluent l'heureux vainqueur d'un *hourrah* prolongé. La rougeur qui monte aux joues du jeune homme dit assez combien cet applaudissement retentit agréablement à ses oreilles. Je m'attendais à voir quelque récompense olympique décernée au vainqueur, mais tout se réduisit à un présent de deux flèches qui me fut fait par les fils du prince, sans que je l'eusse mérité. Peut-être cependant y avait-il quelque chose d'olympique dans les tournoiements de la danse à laquelle on se livra ensuite. Elle fut exécutée suivant la mode toungouse, à cette différence près cependant que jeunes gens et jeunes filles prirent part à cet exercice, mais chacune des deux parties formait son demi-cercle particulier, car le sentiment du décorum ostiak défend d'offrir le bras à sa danseuse, et par suite, pendant toute la danse, on ménagea un petit espace entre les deux demi-cercles.

Le Bas-Yénisséi. — Toundras, Toungouses et Toungouskas. — Rivalité de deux fleuves.

En aval d'Yéniséisk, une navigation de 700 à 800 kilomètres nous conduirait sous le cercle polaire, à Touroukansk, bourgade d'une centaine de maisons, flanquée d'un petit fort en bois. C'est sur les limites communes des terrains de parcours des Samoyèdes et des Toungouses, le poste avancé de la civilisation, — ou pour parler plus correctement, — de l'administration russe. A une journée ou deux au nord de cet embryon de cité, le fleuve entre dans cette zone nue et dévastée des *Toundras*, qui correspond en Sibérie à la large bande déserte et glacée de l'Amérique arctique, que les géographes ont baptisée du nom de *landes stériles*.

Nous n'avons pas à pénétrer, cette fois dans ces régions inhospitalières où nous ramènera une voie plus orientale; mais en remontant vers le sud nous ne pouvons nous dispenser de donner un coup d'œil rapide aux espaces immenses qui forment, sur la rive droite de l'Yénisei, la patrie des Toungouses septentrionaux, chasseurs de fourrures ou pasteurs de rennes.

Expulsés à une époque incertaine des plaines de la Mandchourie, ils occupaient déjà, lors de la venue des Russes, les lieux où nous les trouvons maintenant, car leur nom figure comme radical dans les appellations des trois grands cours d'eau qui traversent leurs champs de chasse ou de pâturage, avant de se déverser dans l'Yénisei : ainsi sous le cercle polaire même, à la hauteur de Touroukansk, coule la Toungouska inférieure, rivière plus grande que le Don ou le Dnieper. Entre le 60e et le 61e parallèle circule la Toungouska moyenne, cours d'eau plus long que le Rhône ou la Loire; et enfin en allant d'Iéniséisk à Irkoutsk, on re-

Toungouses, pasteurs de rennes.

monte ou l'on croise la *Toungouska* supérieure ou *Angara*, qui, issue du lac Baïkal, a été, comme l'Irtyche, dépossédée de son rang et plus encore de son nom en faveur d'un cours d'eau, qui ne l'égale ni en étendue ni en puissance.

La dénomination d'Yéniséi est une corruption du mot Toungouse *Yoandési*, qui signifie *grande rivière*, la rivière par excellence. Appliquée par les indigènes à la Toungouska supérieure ou Angara, cette dénomination a été transférée, par les premiers Cosaques qui l'entendirent prononcer, au premier grand cours d'eau qui, après l'Obi, croisa leur route vers l'Orient; c'est-à-dire au fleuve qu'ils virent déboucher de l'Altaï dans la vallée de Sayans. Tout important qu'il est, celui-ci n'est pourtant qu'un tributaire de l'Angara.

« Le confluent de ces deux rivières » dit Mme Atkinson, » offre un curieux spectacle; comme s'ils luttaient pour la prééminence, on les voit rouler longtemps à côté l'un de l'autre sans se mêler. Cette antipathie semble naturelle de la part de l'Angara, dont les ondes cristallines et pures doivent dédaigner les flots bourbeux de sa rivale [1]. »

Il est facile du reste de trancher cette question de prééminence en relevant, à l'aide d'un compas, sur une carte de la Sibérie, les lignes suivies par les

1. Mistriss Atkinson; recollections af taters steppes, p. 135.

deux fleuves entre leur confluent et leurs sources. Cette simple opération donne 1400 kilomètres pour l'*Yoandési* de l'Altaï et 2700 kilomètres pour celui du lac Baïkal.

L'Angara, plus longtemps navigable que les autres fleuves du nord de l'Asie, est une des grandes voies commerciales de la Sibérie. *Cette route qui marche*, pour me servir de l'expression de Pascal, relie les gisements aurifères de la Daourie à ceux de l'Altaï, et permet aux thés de la Chine, aux soieries de Pékin, à l'ivoire fossile de la Léna, expédiés en Russie par l'entrepôt d'Irkoutsk, de franchir économiquement près d'un tiers de l'espace qui les sépare de leurs points de destination. La vapeur, qui vient de faire son apparition sur ces eaux lointaines, abrégera encore les distances et mettra Krasnoiarsk et Yéniséisk à quelques jours seulement de la capitale de la Sibérie orientale.

La ville d'Yrkoutsk.

« Lorsqu'on se rend à Yrkoutsk par la route postale de Russie, dit le voyageur Atkinson, on entre dans la vallée de l'Angara à Pelovinnia, à soixante-dix milles au nord-ouest d'Irkoutsk; là elle suit le fleuve à peu de distance. Des montagnes très-boisées s'élèvent à l'ouest de la vallée, et l'on aperçoit à l'est les rochers sur lesquels l'Angara coule avec

Vue d'Yrkoutsk.

rapidité. Le long du bord et de l'autre côté de la plaine on découvre de charmants massifs, à travers lesquels l'eau étincelle; puis elle va se perdre derrière un épais feuillage et près d'un coude du fleuve se répand sur une grande étendue. Plusieurs paysages de cette contrée ont fait une forte impression sur mon esprit et pourraient inspirer beaucoup de beaux tableaux.

« Enfin, à un détour de la vallée, je pus distinguer plusieurs clochers et un dôme s'élevant au-dessus des pins et des bouleaux de la forêt. C'était le monastère de Saint-Irkout situé dans une position des plus pittoresques, au bord de l'Angara. Je fus surpris de voir une œuvre architecturale d'aussi bon goût dans des régions si reculées. Irkoutsk est à deux milles de là. C'était une après-midi de dimanche, la journée était magnifique, le ciel sans nuages; on voyait l'Angara dans toute sa largeur, baignant le pied des murs de la ville qu'il borde comme un grand lac. La porte, massive et imposante, donne au voyageur un étrange avant-goût de la ville. En dedans des murailles, s'élèvent au-dessus des habitations nombre de dômes, de tours et de clochers. Comme ces faîtes sont disséminés sur un grand espace, ils paraissent appartenir à une grande cité. Ayant passé deux hivers à Irkoutsk et deux étés dans les régions du sud, je fus témoin des préparatifs qui se faisaient pour l'annexion de l'Amour et je pus juger de leur efficacité. J'examinai l'armement des nouveaux régiments de cosaques lors de leur passage; plusieurs de mes amis en faisaient partie et avaient été envoyés dans la Trans-Baikalie, avec de fort beaux appointements. L'un d'eux est aujourd'hui général : il commande trente à quarante mille beaux et braves cosaques. Il a aussi plusieurs batteries d'artillerie bien équipées et prêtes à n'importe quel service; en un mois au plus il pourrait être à Pékin.

« Irkoutsk est située sur un coude et sur la rive droite de l'Angara, à l'extrémité occidentale d'une plaine, par 52° 18′ lat. N. 102° 13′ long. E. et à 1360 pieds au-dessus du niveau de la mer. Des montagnes boisées s'étendent à l'est, au nord-est, ainsi que sur la rive opposée du fleuve, où elles vont rejoindre la vallée de l'Irkout. La petite rivière d'Ouska-Kofka vient de l'est : elle est traversée par un pont de bois, long de trois cents yards. Elle sépare la ville de la prison et des ateliers où travaillent les condamnés, aussi bien que de l'Amirauté et des docks situés sur la rive droite de l'Angara.

« La principale portion de la ville est dans l'angle formé par l'Angara et l'Ouska-Kofka. Les rues sont parallèles au fleuve et se coupent à angle droit. Il y a beaucoup de belles maisons dont l'architecture est même assez prétentieuse; elles ont toutes une grande cour et beaucoup possèdent un jardin. Il y a peu de boutiques et elles sont agglomérées sur un seul point : il y en a de grandes qui sont garnies de tous les objets européens que l'on trouve à la foire de Njino-Noveigorod, ainsi que d'articles chinois provenant de Mai-ma-tchin.

« Une belle et large route s'étend le long de l'Angara ; à l'extrémité supérieure se trouve la résidence du gouverneur général. C'est une magnifique habitation, construite par un marchand qui réalisa une fortune immense dans son commerce avec la Chine.

« C'est sur les confins de cette contrée qu'il vint s'établir avec tout le luxe européen dans l'espoir de changer les habitudes grossières de ses compatriotes. A sa mort, sa famille partit pour Moscou et la maison fut achetée par le gouvernement. D'autres négociants, à son exemple ont élevé de belles maisons en face du fleuve.

« Plusieurs de ces industriels peuvent, par leurs richesses, rivaliser avec nos princes du commerce. L'un d'eux aime infiniment les beaux-arts, et je fus surpris de voir chez lui les meilleurs échantillons de la gravure moderne. Il est aussi bibliophile, et possède une excellente bibliothèque de cinq mille volumes. Sa collection d'articles chinois est aussi bien choisie que précieuse ; il est en outre horticulteur et dépense de fortes sommes pour faire venir des plantes d'Europe. Je pourrais citer d'autres individus de la même classe qui contribuent également dans ces régions lointaines aux progrès de la civilisation.

« La cathédrale est une grande construction sur la place d'armes. En face se trouvent le palais de justice et deux administrations du gouvernement. Les différentes églises de la ville sont toutes fort bien situées et environnées de beaux squares. Plusieurs ont été construites par deux officiers suédois, faits prisonniers à la bataille de Pultava, et exilés dans ces régions par Pierre Ier. Ils devaient avoir bien étudié l'architecture, car ils ont laissé des monuments que peu d'Européens seraient capables d'élever. Parmi ceux qui ont bien mérité de la ville, je ne dois pas omettre le nom de Koutznetsoff, un marchand qui mourut pendant mon séjour. Il construisit une grande habitation magnifiquement distribuée et meublée; il y avait même de la vaisselle plate et un grand piano. Il en fit cadeau à la ville, pour qu'elle servît de résidence aux gouverneurs. Il dota plusieurs écoles et affecta 50 000 liv. sterl. à différentes fondations, et laissa encore plus d'un demi million pour ses deux nièces. Quant à sa propre maison, qui était déjà fort avancée et montée sur un pied princier, je doute que le propriétaire actuel la complète jamais.

« J'ai mentionné ces individus pour prouver qu'il

y a des caractères énergiques et entreprenants dans cette partie de l'Asie. Leurs descendants trouveront dans l'Amour et le Pacifique un nouveau champ pour le commerce. Le temps n'est pas loin où le flot des commerçants envahira les ports du golfe de Tatarie et de la mer du Japon.

« La population d'Irkoutsk est d'environ vingt mille âmes et le nombre des maisons a considérablement augmenté depuis quelques années. Le trafic entre la Chine et la Russie a produit de grandes richesses, mais des accidents de route occasionnent parfois de grandes pertes, surtout en thé.

« On en expédie de grandes quantités par les traîneaux jusqu'à Pasolsky et on le met à bord d'embarcations nommées *Soudans*. L'une d'elles chargée de 1200 caisses de thé, traversa le Baikal et atteignit l'Angara; tandis qu'elle descendait le fleuve, elle se heurta contre un grand bloc de glace, fut presque fendue en deux et perdit la majeure partie de sa cargaison. En un instant la perte s'éleva à 500 000 fr. L'Angara est le fleuve de Sibérie le dernier praticable et le premier navigable. Il se prend le 13 décembre et dégèle le 11 avril.

« Les marchés sont bien fournis de tout, excepté de mouton; le bœuf est de bonne qualité, surtout celui que fournissent les Bouriates des deux rives du Baikal. J'ai eu d'eux pour un rouble (3 fr. 50.)

un veau de six semaines. Le gibier et le poisson abondent et sont aussi à des prix modérés; en résumé on trouve dans ce pays, à très-bon compte, tous les articles de première nécessité.

« Quant aux objets européens et aux produits de la Russie, ils sont fort chers. Le sucre se vend 3 fr. la livre; le café 3 fr. 25 c.; les limons 3 fr. la pièce; les oranges 2 fr. 50 c.; le porter et la bière d'Écosse 15 fr. la bouteille ; l'eau-de-vie de France (faite en Russie la plupart du temps) à peu près autant et le Champagne 21 à 25 fr., et l'on boit plus de ce vin que de tout autre. Ceux qui peuvent se permettre ce luxe trouveront la vie facile dans la capitale de la Sibérie orientale. Lorsque les communications seront établies entre l'Angara et l'Amour, les spéculateurs de la Californie, de la Chine et de la Malaisie afflueront dans ce dernier fleuve et la Sibérie deviendra un grand centre de commerce.

« A l'époque de mon voyage il y avait encore à Irkoutsk un certain nombre d'exilés provenant de la grande fournée de 1825, et parmi eux les princes Troubeskoï et Wolkonskoï. Ils composaient la meilleure société d'Irkoutsk, et c'est avec eux que j'ai passé mes jours les plus agréables. Ils vivaient dans l'aisance, se mêlant au monde et attirant autour d'eux les gens les plus distingués d'Irkoutsk. La princesse Troubetskoi avait passé plusieurs années de sa jeunesse en Angleterre, et s'était liée avec les plus grandes familles du royaume. C'était une femme de la plus haute distinction, consacrant toute son énergie à l'éducation de ses trois filles et de son jeune fils. Elle avait été la première à suivre son mari en Sibérie et avait donné l'exemple à beaucoup d'autres. J'ai entendu de sa propre bouche le récit de son voyage dans ces régions, avec une jeune servante pour toute domestique, ainsi que de sa réception aux mines de Nerchinsk. La princesse Volkonskoi avait un fils et des filles, dont la dernière était une des plus belles créatures que j'aie jamais vues. Ces deux familles avaient tout au monde, excepté la faculté de retourner dans leurs foyers ; quant aux autres, c'était bien différent, et plusieurs subissaient une existence bien pénible[1]. »

1. Th. Witlam Atkinson, *The upper and lower Amoor*. Voyages dans les contrées de l'Amour. 1860.

CHAPITRE VI.

RÉGION DU LAC BAIKAL.

Le lac Baikal et ses bords.—La traversée.—Tempêtes et profondeur du lac. — Un soir d'automne sur ses rives.

Le lac Baikal et ses bords.

« Lorsque l'on sort d'Irkoutsk, la route pénètre dans une partie boisée de la vallée d'Angara, et s'élève beaucoup au-dessus du fleuve. Je remarquai que les deux côtés de la vallée étaient couverts d'arbres jusqu'au bord de l'eau. Des blocs de grès, accumulés en cet endroit, forment de hautes falaises au-dessus de l'Angara qui coule avec rapidité. A dix milles environ de la ville je rencontrai une vingtaine de chevaux qui tiraient un *soudna* sur le fleuve pour le mener dans le Baikal. Ce navire venait de porter à Irkoutsk 600 caisses et 25 000 briques de thé. Quoique la distance d'Irkoutsk au Baikal ne soit que de 40 milles, le courant est si fort qu'il faut trois jours pour amener le vaisseau à 4 milles du lac ; et que là, il faut encore un jour, même en doublant l'attelage, tant le courant est rapide.

« Comme la route domine la vallée, elle offre en divers endroits de très-beaux points de vue. Parfois le regard admire d'énormes falaises couvertes de pins et de cèdres ; ailleurs, d'épaisses forêts descendent vers le fleuve qu'on aperçoit au loin dans toute sa largeur. Puis la vallée devient plus escarpée et les rochers, agglomérés en grande masse, bordent dans les montagnes de nombreux ravins. Au delà de ce point, la route passe au bord d'une paroi très-élevée, à pic sur le fleuve. Les deux côtés de la vallée témoignent hautement des grands déchirements qui l'ont bouleversée.

« Cinq milles environ avant d'atteindre le Baikal, il y a un passage qui force tout voyageur à s'arrêter. La vallée s'agrandit et les montagnes s'élèvent à pic à une grande hauteur. L'Angara large de plus d'un mille se précipite entre elles, à sa sortie du lac, avec l'impétuosité d'un torrent. Un peu plus loin, au milieu même du fleuve, surgit une grande masse de rochers, appelée Shaman-Kamen. Au delà on aperçoit la vaste nappe du Baikal qui s'étend à cinquante milles, jusqu'au pied de l'Amar-Daban, dont le sommet est couvert de neige même en juin. Les torrents écumeux qui jaillissent de toutes les ravines, les rochers escarpés frangés de bouleaux et couronnés de pins, enfin la teinte éthérée qui baigne toute cette scène en font un paysage d'une beauté grandiose.

« Quelques milles plus loin, le Baikal apparaît comme une mer et l'on entend le bruit de ses vagues contre les rochers. Le Shaman-kamen est encore bien plus facile à distinguer. Tandis que je contemplais ce rocher je ne pouvais m'empêcher de songer aux scènes dont il avait été le théâtre. Cet endroit est considéré comme sacré par tous les adeptes du Chamanisme, et ils n'y passent jamais sans y témoigner de leur dévotion. De grossières figures sont gravées à la surface de ce roc, et de son sommet des hommes, des femmes et des enfants ont été précipités en holocauste dans les flots.

« La station du paquebot n'est pas loin et je ne mis guère de temps à atteindre Listvenitz où j'appris que les steamers étaient de l'autre côté du lac; le plus grand allait prendre une cargaison de thé pour Pasolskoi, et le plus petit cherchait un port convenable, la navigation se terminant vers la fin de septembre.

« Comme le premier de ces navires ne devait pas revenir de Pasolskoi avant quatre jours, il me restait du temps pour explorer les environs.

« La traversée du Baikal en barque est fort dangereuse. Il n'est pas rare de passer en plein lac trois semaines sans pouvoir prendre terre d'aucun côté ; les accidents sont fréquents. C'est ce qui amena un marchand entreprenant, du nom de Mentchikoff, à faire construire un bateau à vapeur ; la dépense fut énorme ; les machines venaient de Pétersboug, distant de 4000 milles (6400 kilomètres). M. Baird, ingénieur mécanicien, envoya sur le Baikal une personne compétente pour surveiller la construction de la coque confiée à des paysans russes. Avec leur aide, on adapta les machines ; et, après quelques essais, le navire poussa jusqu'à la rive mongolienne : on avait triomphé des dangers du Baikal. Les Sibériens et les Mongols contemplèrent avec un égal étonnement le navire sillonnant la *mer sainte*, malgré les vents les plus violents.

« Sans perdre de temps, je m'arrangeai de manière à pouvoir explorer la rive orientale et à rencontrer le steamer à Golo-oustnaïa. J'avais pour compagnon dans le bateau, cinq hommes et mon cosaque. Peu après Listvenitz, les rives du Baikal deviennent très-escarpées. Les rochers de primitif granit, sont recouverts d'épaisses forêts, montant jusques sur les montagnes qui s'élèvent au nord. Ce paysage est le même pendant une vingtaine de milles et présente l'aspect le plus pittoresque. La nature de la roche change alors ; le granit est remplacé par un conglomérat grossier ; le galet de la rive n'est composé que de débris mélangés. Plusieurs torrents roulent au milieu de ces précipices et tombent en magnifiques cascades.

« La rive septentrionale est de beaucoup la plus élevée; parfois les précipices ont 8 à 900 et même, au delà de l'Angara, jusqu'à 1200 pieds d'escarpement. Je n'essayerai pas de décrire les couches minérales dont on remarque certains indices dans une étendue de plus de 400 milles, car ma description n'intéresserait que les géologues et prendrait trop d'espace. Au delà de l'île d'Olkhon des falaises basaltiques s'élèvent jusqu'à 700 pieds au-dessus du lac. A une longueur de bateau de leur base on a jeté des sondes de 900 pieds. Un peu plus loin, la rive devient moins élevée, mais on y trouve des preuves irrécusables d'éruption volcanique. Il y a dans les ravins de grandes assises de laves dont je ne pus malheureusement pas vérifier l'origine. Elles proviennent sans doute d'un cratère au nord de la chaîne du Baikal où l'on rencontre des eaux chaudes minérales en maints endroits.

« Entre le bord du lac et la chaîne du Baikal une steppe élevée s'étend sur une longueur de 150 kilomètres, sur une largeur de 40. On y rencontre de nombreux aouls de Bouriates, qui possèdent de grands troupeaux de chevaux et de bétail. Quant à la plaine, elle descend graduellement jusqu'à l'embouchure de l'Angara supérieur. Ce fleuve tombe dans le Baïkal, tout à fait au nord du lac, et rapporte de bons bénéfices aux riverains par la pêche de l'Omula[1], qu'ils prennent en grande quantité, salent et expédient sur tous les points de la Sibérie. Ainsi conservé, ce poisson vaut les meilleurs harengs de Hollande, et frais, il est délicieux. Un grand nombre d'hommes s'adonnent à cette pêche. Ils quittent Irkoutsk dans la première semaine de juillet et les Soudnas envahissent, en général, la partie supérieure de l'Angara avant le 1er août. Quant à l'Omula, il remonte le fleuve en si grande abondance que les pêcheurs ont bientôt obtenu leur cargaison et font plusieurs voyages à Litsvenits avant la fin de la saison. Le fleuve cesse d'être navigable au-dessus du village d'Angarsk et ne pourra jamais communiquer avec l'Amour, comme quelques personnes l'ont supposé.

Traversée, tempête. — Profondeur du lac.

« Au lieu de rejoindre le steamer à Golo-oustnaïa je continuai mes explorations, et à mon retour je visitai la côte méridionale de l'île d'Olkhon. Elle a près de 60 milles de long et parfois 50 de large.

1. Salmo omula de Pallas.

Le lac Baikal, près de l'île d'Olkhon.

Elle est séparée de la rive septentrionale du lac par un canal appelé par les indigènes *Petit-Baikal*, et considéré par eux comme la partie la plus sacrée de cette *sainte mer*. L'île est à environ 8 milles de cette rive, excepté à son extrémité occidentale où elle projette une pointe de plusieurs milles dans le lac et forme une entrée magnifique à cet bassin sacré. Un peu plus loin, à l'ouest, les rochers s'élèvent de plus de 1200 pieds en masses énormes.

« Le peuple a sur cette région une légende à laquelle il ajoute une grande foi. Il prétend que le Christ a visité cette portion de l'Asie et a gravi ce sommet d'où l'on découvre tous les alentours. Après avoir béni le pays vers le nord il se tourna vers le sud du côté du Baikal et, levant les bras, s'écria : Au delà il n'y a rien. C'est ainsi qu'on explique la stérilité de la Daourie, où l'on dit que le blé ne peut pas pousser.

« La côte méridionale de l'île est très-escarpée et l'on ne peut toucher terre qu'en un très-petit nombre d'endroits. Nous l'avons parcourue plusieurs heures sans trouver une place où il fût possible de se reposer. Dans les falaises vis-à-vis je remarquai de nombreuses cavernes et en avant un promontoire de rochers qui élevaient au-dessus du lac leurs parois percées d'antres et de galeries plus ou moins profondes.

« Nous avions remarqué un grain à l'horizon et

les bateliers témoignaient le désir d'entrer dans une de ces cavernes pour y passer la nuit. Je refusai d'abord cette proposition, dans la crainte d'y être retenu plusieurs jours. Notre position était des plus mauvaises, à moins de doubler le promontoire et d'atteindre un abri au delà, mais une raie blanche, qui approchait de nous, doubla bientôt nos appréhensions.

« Sachant quel effet l'exemple a sur les hommes, je quittai mon habit et saisis un aviron, le Cosaque en prit un autre et les bateliers n'en ramèrent que mieux. Avant que nous pussions doubler la pointe, une rafale nous couvrit d'embrun : à ce moment le pilote nous cria de lutter pour sauver notre vie, perdue si nous dérivions contre les rochers. C'était une situation que je n'oublierai jamais ; enfin nous dépassâmes le cap qui était à une longueur de bateau de nous, pendant que les vagues se précipitaient dans ses flancs caverneux avec d'épouvantables mugissements.

« Une fois hors de ce danger, nous avisâmes un banc de sable à un quart de mille ; nous nous y dirigeâmes à toute force d'aviron. Un violent ressac battait la côte où nous voulions venir échouer ; mais le bateau était déjà à moitié rempli d'eau. La position était périlleuse ; enfin nous en sortîmes, mais le vent nous garda trois jours prisonniers sur cet îlot.

« Après avoir passé dix-neuf jours à explorer la côte septentrionale, j'arrivai à Golo-oustnaïa où le steamer me prit. Lorsque je remontai à bord, le capitaine m'apprit en anglais que ma longue absence avait excité quelque inquiétude sur ma personne. Je ne fus pas peu étonné d'entendre parler ma langue sur le Baikal, et ma surprise se peignit évidemment sur mon visage; il m'expliqua qu'il était officier suédois et qu'il avait servi sous l'amiral Codrington.

« Il remplissait ses fonctions depuis huit ans, traversant le lac en tout temps, et lorsqu'il était uni comme une glace et lorsque l'orage faisait bouillonner ses ondes. Il déclara que ces tempêtes étaient pires que celles de l'Océan, surtout lorsque le Garra, ou vent des montagnes, se précipitait de leurs sommets. Je lui demandai s'il avait sondé le lac, mais il n'en avait étudié la profondeur que pour jeter l'ancre.

« Un jour de tempête, il avait trouvé 200 *sagènes* (1 400 pieds) à 100 mètres d'un banc de sable, une autre fois 300 sagènes (700 mètres) sans pouvoir atteindre le fond. C'est une preuve de la profondeur du lac, dont les abîmes sont quelquefois hérissés par des rochers qui montent jusqu'à 10 sagènes de la surface [1]. »

1. Atkinson : ouvrage cité, p. 380 à 385.

Un soir d'automne sur le lac Baikal.

Nous voici sur le rivage sablonneux de la baie la plus septentrionale du lac; une chaîne de collines peu élevée — dont les sommets arrondis sont couverts de sapins tandis que le spirée à feuilles de sorbier s'épanouit à leur base — frappe d'abord les yeux et se colore de teintes rougeâtres sous les feux du soleil couchant. Cette chaîne de hauteurs nous dérobe entièrement le vaste delta du Haut-Angara : à peine apercevons-nous les bas-fonds marécageux où viennent le soir s'ébattre de nombreux oiseaux. Au-dessus du vert sombre des sapins, le regard plonge à droite et à gauche le long des deux chaînes de montagnes qui, partant des rives du Baikal, courent dans la direction du nord-est, se rapprochant toujours de plus en plus jusqu'à ce qu'elles ferment le triangle aigu du delta. Ces montagnes ne présentent aucune forme particulièrement pittoresque ; d'une hauteur presque uniforme, elles ont des versants couverts de noirs sapins, au milieu desquels se détache çà et là la masse sombre des rochers. Le soir, elles offrent aux regards des teintes qui varient, selon l'éloignement, du vert le plus foncé à un violet vaporeux.

Si nous montons sur l'une de ces collines, nous

aurons devant les yeux l'immense delta, le tranquille miroir d'un large lac qu'encadrent les deux bras de l'Angara septentrional, et auquel les indigènes donnent le nom de Talar. Ce lac baigne à nos pieds le sable blanc de la rive, et de chaque côté arrose dans ses contours sinueux, les épais gazons et les plantes marécageuses du delta. Sur la surface paisible des eaux s'étalent les feuilles de petites nymphéacées; puis nous apercevons de grands espaces couverts de la *polygonée* des marais, dont la fleur est d'un rouge pâle, tandis qu'un peu plus loin s'enchevêtrent les feuilles longues et étroites d'une sorte de *potomageton*, ou se dressent les pointes des *myriophylles*. Aussi loin que le regard peut s'étendre sur le delta, il rencontre le vent frais d'une végétation aquatique, çà et là seulement, au milieu des prairies, se détachent des buissons d'une teinte bleuâtre. Les deux bras de l'Angara se sont creusé un lit dans ces plaines; la surface unie de leurs eaux est à peine couverte par quelques herbes aquatiques, leurs flots roulent d'une vitesse toujours égale vers le lac Baikal; cependant, les bois qu'ils entraînent tournoient dans les rapides, avant de venir s'abîmer dans son vaste sein.

Le jour, à peine peut-on deviner la multitude et la variété des palmipèdes qui se trouvent ici. Cachés au milieu des roseaux, les canards d'eau douce qui pullulent sur ces rives, veillent sur leur couvée, et les oies que le Toungouse poursuit avec acharnement à certaines époques, se réfugient dans les endroits les plus retirés. Sur les tiges d'arbres charriées par le courant, se balancent des corbeaux, attendant les épaves que le fleuve leur envoie. De temps à autre, on entend le cri aigu du noir milan qui se repose, les plumes gonflées, et les ailes inclinées avec indolence. Au-dessus du lac Talar, tournoient de petites hirondelles, et sur le rivage sablonneux, des lavandières poursuivent les insectes.

A la tombée de la nuit, tous ces oiseaux saluent le coucher du soleil par des cris, timides d'abord, mais qui peu à peu deviennent bruyants et sonores.

Ils ont dans le delta plusieurs lieux de réunion, d'où part un signal, bientôt répété par des milliers de voix; l'automne approche, la couvée commence à prendre son vol, que de choses n'a-t-on pas à dire ! que de recommandations à faire ! L'obscurité qu enveloppe l'atmosphère protége contre les attaques des ennemis, on a eu de quoi suffire aux besoins du jour, la gent aîlée jouit d'un repos que ne vient troubler aucune crainte. Ne sont-ce pas des intérêts plus élevés qui inspirent leur chant? Pourquoi ces cris s'élèvent-ils vers le ciel avec tant d'ordre et de régularité? N'est-ce pas une âme qui éclot et monte au milieu de tout ce bruit.

Revenant du Baikal, où il a pêché tout le jour, le grand plongeon (*colymbus arcticus*) presque toujours solitaire, passe au-dessus de nos têtes, et fait entendre ses vifs appels, qu'il continue après avoir atteint le lieu de son repos, d'où il exécute une partie importante dans le concert général. Un peu après, retentissent les notes, en quelque sorte classiques, des vieux canards. Dès que la nuit est venue, d'autres oiseaux sont appelés à prendre part à la fête, ils essaient d'abord leurs voix, puis chantent à plein gosier. Bientôt tous les palmipèdes arrivent; les vieux cygnes, qui remplissent le rôle de soprano, dominent le tumulte. Quand le cri des canards devient plus faible et laisse distinguer celui des sarcelles, l'oie fait entendre son chant de triomphe, bientôt répété par tous les chanteurs.

Auprès de nous, depuis quelque temps déjà, tout est silencieux, les milans et les corbeaux se sont retirés pour passer la nuit au sommet des grands sapins; les lavandières dorment au milieu des herbes aquatiques, et les hirondelles se sont réunies sur les parties les plus saillantes des petits bancs de sable. La lune monte lentement au-dessus de la sombre forêt, éclairant de ses reflets la calme surface du Baikal. Partout règne une paix profonde. Le vol attardé de quelques canards retentit seul par moment; leur approche est saluée par les cris perçants de leurs compagnons; après une pause, les cygnes donnent de nouveau le signal, et le concert se prolonge jusque vers minuit, où les exécutants s'endorment l'un après l'autre. On s'est compris, on a dû parler du voyage qui approche; le silence enveloppe maintenant le delta, les rapides de l'Angara murmurent doucement, la lune continue à monter, et de blanches vapeurs enveloppent la montagne. Le repos de la nuit n'est plus interrompu que par le sifflement prolongé du petit pluvier qui court sur le sable du Baikal.

Le lac Baikal en hiver. — Route de Kiakhta. Froids Sibériens.

En regard du précédent tableau si coloré, si plein de vie, dû à la plume enthousiaste d'un naturaliste qui semble avoir fait de ces régions l'étude de sa vie [1], on nous saura gré, peut-être, de placer le récit d'une traversée du Baikal au cœur de l'hiver. Nous l'empruntons à la relation, également toute récente, d'un voyageur infatigable, qui, s'il n'a pas parcouru le monde en érudit ou en philosophe, en a partout abordé et décrit les grandes scènes avec la vivacité naïve et la fraîcheur d'impressions de la jeunesse [2].

1. Le docteur Gustave Raddé, qui depuis sept années explore le bassin de l'Amour et les contrées transbaikaliennes.

2. M. Henri Russel-Killough, auteur d'une relation intitulée :

Cascade dans un ravin des montagnes Transbaikaliennes.

.... « Le 25 janvier 1860, à dix heures du soir, je quittai Irkoutsk pour Kiakhta. Le froid était extrême, mais blotti au fond d'un excellent traîneau, sous une couverture en peau de chamois, je pouvais tout braver. Lorsque l'aurore parut, nous nous éveillâmes à soixante verstes d'Irkoutsk[1], sur les bords d'une mer du bleu le plus sombre et pétrifiée sur toute son étendue. Je déclare n'avoir rien vu, l'Inde exceptée, de plus majestueux et de plus grand que le lac Baikal et son entourage. Qu'on se figure la Suisse entière, et bien plus encore, changée en lac, avec la chaîne des Alpes pour cadre, mais de manière que ce lac soit sans bornes sur la moitié de l'horizon et sombre comme l'Atlantique un jour de tempête. Ajoutez à ce tableau le soleil levant venant frapper les cimes lointaines et neigeuses de ces montagnes, dont cent kilomètres de glace, brillante comme l'acier, vous séparent, et dont, à cause de la convexité du globe, vous ne voyez point les bases. Ce spectacle qu'offre le Baikal, d'une mer gelée, est unique au monde, puisque les lacs de l'Amérique, qui ne sont guère plus vastes, ne gèlent jamais entièrement, et que leur entourage, quoique pittoresque, n'offre pas autant de grandeur.

Seize mille lieues à travers l'Asie et l'Océanie, Paris, librairie Hachette, 1864.

1. Le verste ou werst égale 1067 mètres.

« Il s'agissait maintenant de traverser cette mer en traîneau. Les *topographes*, envoyés par l'administration pour s'assurer de l'état de la glace, et avant qui personne ne doit passer, n'étaient pas revenus ; mais je ne pouvais être arrêté, pas même par de si graves considérations ; nous nous *embarquâmes* donc sur la glace, mais n'osant traverser, parce qu'elle était trop molle, nous suivîmes les côtes dans une direction nord-est. Nous fîmes ainsi une soixantaine de verstes entre la côte et une barrière de glaçons qui la longeait à une distance d'un millier de mètres. Le froid ne cessant d'augmenter, la glace craquait continuellement en se contractant, et formait, en éclatant, de grandes étoiles qui dessinaient leurs perfides rayons près de la surface. Enfin, la nuit approchant, il fallut se décider à traverser dans un endroit où il n'y avait que cinquante-cinq verstes ou quinze lieues, d'une rive à l'autre. La terre était si basse qu'elle disparaissait devant nous, et il nous semblait, en quittant le rivage, partir en chaise de poste de la plage de Dieppe pour l'Amérique.

« Il y eut un endroit où la glace n'ayant que quelques pouces d'épaisseur, nous dûmes descendre et franchir à pied ce mauvais pas. Le traîneau fut lancé à toute vitesse ; la couche ploya, mais ne cassa pas. Nous arrivâmes alors à cet immense champ de blocs blancs, verts et bleus, dont les éblouissantes silhouettes, projetées sur l'azur du ciel, rappelaient les scènes horribles des mers polaires, ou celles qu'on entrevoit dans les entrailles des glaciers. Ils étaient là par millions; les uns lourds comme vingt éléphants, les autres effilés comme des aiguilles, tantôt en lame de rasoir, tantôt épais de plusieurs pieds, opaques ou translucides, couchés, debout ou inclinés vers tous les points de l'horizon, semblables aux tombes d'un cimetière bouleversé qui aurait rendu ses morts.

« .... Au milieu même de ces blocs, la glace est encore perfide, mais dès qu'on les a dépassés, on trouve partout une épaisseur moyenne de deux mètres et qui en atteint parfois trois et demi. Ceci peut donner, il me semble, une idée passable du froid de la Sibérie; cependant en voici une preuve beaucoup plus saisissante. On remarque le long des côtes, sur les parois de rochers et dans les ravins, des espèces d'éclaboussures solidifiées, qui prennent parfois des proportions de cascades : c'est l'écume du lac qui projetée sur ces rochers pendant une tempête, a été saisie et figée sur place, avant d'avoir eu le temps de retomber !

« Au bout d'une heure, nous perdîmes la terre de vue de tous côtés, et si nous nous étions dirigés au nord-est, vers l'angle du lac où se décharge l'Angara supérieur, nous aurions pu faire cent lieues sans la revoir [1]. On conviendra qu'une pareille situation en traîneau attelé de chevaux peut donner des émotions. L'horizon était d'un bleu sombre et généralement il n'y avait point de neige sous notre véhicule ; seulement de loin en loin une légère poussière blanche que chassait le vent, portait en certains endroits l'empreinte d'un pied humain ; notre direction était donc bonne ; du reste nous avions le soleil pour guide.

« .... Pendant toute cette traversée, nous ne cessâmes d'entendre sous nos pieds des bruits étranges, tantôt sourds, tantôt métalliques comme les vibrations d'un bourdon, et quelquefois on sentait une secousse et la glace trembler, comme si les eaux captives se soulevaient du fond de leurs abîmes pour briser avec fureur les voûtes qui pesaient sur elles. Évidemment, il y avait dans le monde liquide enfermé là-dessous, guerre civile, rage des éléments et véritable tempête : nous sentions aussi distinctement que possible, le choc de chaque lame à mesure qu'elle venait frapper sous nos pieds.... Ces bruits caverneux ne sauraient s'oublier : on eût dit les plaintes des damnés sous les portes de l'enfer du Dante....

« Dans ce lac, sacré aux yeux des Russes et des

1. La longueur du lac est de 600 kilomètres sur une largeur variable de 30 kilom. à 80 kilom.

indigènes, tout est enveloppé de mystères et de superstitions. On y trouve des phoques, comme dans les mers du nord et des bancs de corail comme dans celles du midi ; il est extrêmement profond, et malgré l'absence totale de sel, il a beaucoup des qualités, bonnes ou mauvaises, d'une mer.

« Nous revîmes la terre bien avant le coucher du soleil, mais elle était si loin que celui-ci disparut, avec toute la pompe possible, sous cet océan solide, avant la fin de notre traversée qui dura, contre tout précédent, quatre grandes et mortelles heures : alors les étoiles parurent ; nous pûmes voir toutes les constellations du ciel sous nos pieds, s'arrêtant subitement à l'horizon comme une ligne de phares, et par un froid de 34° ; nous-mêmes raidis comme des cadavres, il nous sembla que le monde entier devenait immobile, et que les astres, arrêtés en chemin, se changeaient en glaçons.

« Le malheureux cosaque qui m'accompagnait devint une statue sur son siége ! Enfin, à la nuit close, nous reprîmes terre et voyageâmes toute la nuit, par un froid toujours croissant, pour arriver le lendemain à *Verknéi-Oudinsk* où nous reçûmes quelques heures l'hospitalité chez un officier dont malheureusement le nom m'échappe. La nuit suivante nous remontâmes, tantôt les bords, tantôt le lit de la rivière *Sélinga*, cours d'eau colossal, un des plus longs de l'univers, puisque tour à tour appelée *Sélinga*, *Angara* et *Yéniséi*, ses eaux, quelque nom qu'elles portent, n'arrivent à la mer Arctique qu'après avoir franchi une distance de quatorze cents lieues françaises[1], et coupé, malgré les plus immenses détours, vingt-six parallèles de latitude.

« Le lendemain matin dès six heures, il y avait crépuscule ; les crépuscules sont une des beautés de la Sibérie, je n'en ai jamais vu d'aussi longs et d'aussi brillants que là ; ils duraient, dans les grands froids, deux heures et demie. Ce matin-là fut celui, non pas où je ressentis, mais où *j'observai* moi-même et constatai, avec un thermomètre acheté à Tomsk, la plus basse température. Tout le fond des vallées où nous serpentions, les forêts de sapins et une grande partie des montagnes, étaient baignés dans un brouillard blanc et sans mouvement, produit de la liquéfaction de toutes les particules de vapeur contenues dans l'air, au contact d'un sol que rien d'humain, sauf la poudre, n'eût pu entamer. Au-dessus de cette brume, le ciel parut d'abord écarlate, puis doré ; enfin il prit l'éclat de l'argent, et se remplit de millions de petits cristaux microscopiques tombant imperceptiblement comme autant de rubis. Blottis au fond du traîneau, toussant à chaque parole et la figure rouge

1. Cette évaluation semble un peu exagérée; peut-être faut-il la réduire de 400 à 600 kilomètres.

comme du sang, nous sentions bien qu'il se passait quelque chose d'extraordinaire ; mais pour m'en convaincre, en arrivant à Sélenginsk, je plaçai le thermomètre contre la porte, et sa colonne ne s'arrêta qu'un peu au-dessous de 39°, quoique le soleil fût déjà haut sur l'horizon; avant l'aurore, on peut être moralement sûr que la température était tombée à près de 50°. Du reste, je dois remarquer que l'action *directe* des rayons solaires par ces grands froids, est presque nulle; je n'ai jamais vu, entre le soleil et l'ombre, une différence de dix pour cent.

« Nous déjeunâmes à la maison de poste de Sélenginsk; le lendemain nous étions à Kiakhta.

La ville russo-chinoise de Kiakhta.

« *Kiakhta* est divisée en deux parties parfaitement distinctes, la ville russe et la ville chinoise, la première au nord, la seconde au midi. La ville russe, ou proprement Kiakhta, se compose d'une cinquantaine de maisons fort élégantes, commodes, quoique petites et en bois; et si l'on doit juger de l'importance d'une ville par la fortune et le luxe de ses habitants, c'est à Londres ou Liverpool qu'il faudrait comparer ce petit village. Il n'y a pas d'hôtel, mais l'hospitalité y est sans bornes, et l'on a, pour passer la soirée, la ressource d'un club où se trouvent les principaux journaux de l'Europe, un billard, un restaurant, un café. On y trouve aussi une espèce de petit hôtel de ville destiné aux dîners publics, aux bals et aux concerts. On n'imagine pas le luxe de table de Kiakhta; pour ma part, je n'ai jamais fait d'aussi somptueux dîners que chez ses riches et aimables négociants, à qui je ne reproche qu'une chose : c'est de m'avoir fait vider tant de bouteilles de vin de Champagne, que je crus ne pouvoir plus en boire pendant le reste de ma vie; ce qui s'en consomme tous les jours et à tous les repas dépasse toute croyance.

« Au milieu de la ville russe se trouve un square élégant avec un pavillon, où la musique militaire joue pendant l'été, et où le citoyen de Péking vient coudoyer celui de Saint-Pétersbourg. A l'est reluit le dôme de l'église, une des plus belles de l'Asie, érigée aux frais des négociants; au sud s'élève une porte triomphale en bois où l'aigle russe déploie ses ailes, et où un cosaque, sabre nu, monte toujours la garde; en passant dessous on sort de l'empire russe. Après cette porte on traverse un terrain neutre d'environ deux cents mètres. Là se dresse une espèce de cible en bois, sur laquelle est peint un globe rouge. Derrière cette espèce d'écran l'on est en Chine[1]. »

1. Henri Roussel-Killoug, *Seize mille lieues* à travers l'Asie et l'Océanie, t. I. p. 72 à 83.

Les tribus mongoles sujettes de la Russie.

La double cité de Kiakhta doit son origine aux nécessités commerciales des deux empires. En échange des draps, des fourrures, des cuirs, du linge et de l'or de la Russie, la Chine envoie sur ce marché de la soie, de la rhubarbe, des objets de nécessité et surtout du thé. La quantité de thé de qualité supérieure qui débouche annuellement de Chine sur Kiakhta dépasse six millions de kilogrammes. En dehors de ce chiffre restent des quantités incroyables de thé brique, qui forme la base de la nourriture des Tatars de l'Altaï et de beaucoup de colons sibériens.

La ligne frontière des deux empires au sud du Baikal court de l'ouest à l'est-sud-est, depuis le lac Kossogol, qu'on pourrait regarder comme le grand réservoir de la Sélinga, jusqu'au lac Dalaï, que traverse le Kérounlon, branche principale du fleuve Amour. Au sud de cette ligne vivent les tribus les plus agglomérées de la Mongolie, les Khalkas, descendants directs des compagnons de Tchinghiz-Khan. Au nord, errent, disséminées sur les rives du Baikal, les tribus Bouriates, liées à la grande famille mongole par le sang, la langue et la foi bouddhique, mais assujetties à la Russie, qui s'efforce d'inspirer à ces nomades des goûts sédentaires et agricoles. Mais l'espace est bien grand pour la population, et bien qu'aujourd'hui les Bouriates sachent se construire des habitations des genres les plus variés, les tentes de feutre forment toujours leurs demeures de prédilection. Ils les élèvent avec plus de goût et d'élégance que leurs abris d'hiver et que leurs yourtes d'été. Chez les riches Bouriates, tout le côté gauche de la tente est garni de coffres de prix, renfermant de la zibeline, de fins tissus, des habits de fête, etc. Du côté droit se trouve un certain nombre de caisses d'une valeur moindre; c'est là que sont les théières, les casseroles, les cafetières et les autres instruments de cuisine étalés sur des tablettes et étincelants de propreté. En face de la porte se trouve un divan formé de nattes en feutre, et recouvert de drap rouge ou de quelque autre fin tissu. Devant le divan se déploie l'assemblée des dieux bouddhiques avec les timbales et les trompettes qui en sont l'accompagnement obligé. « Des deux côtés du divan, j'ai quelquefois vu, » nous dit encore le voyageur Castren, « des selles ornées d'argent, de vieilles carabines à la crosse précieusement incrustée, des épées à poignée d'argent, des vases du même métal, des arcs et des flèches ornées avec goût, des cottes de maille, etc. Dans quelques tentes, j'ai été fort surpris de voir que les piliers qui supportent le toit, et que chaque jour le feu noircit de sa fumée, étaient peints en indigo et décorés de délicates incrustations d'argent. »

On conçoit que les Bouriates, qui ont pour leurs demeures une telle sollicitude, ne soient pas non plus indifférents à l'égard de leur toilette. Dans la vie de tous les jours, une peau de chèvre ou de mouton suffit pour les riches comme pour les pauvres; mais survient-il une occasion de se faire voir, où pourrait-on trouver des fourrures de zibelines d'un plus beau noir et des robes d'un tissu de soie plus fin que chez les incultes Bouriates? Quant à la toilette des femmes, elle exige une exhibition incroyable de pierres précieuses de couleurs variées, de perles, d'ornements d'argent et d'or, qui chargent non-seulement les bras et le cou, mais s'étalent à profusion partout où une oreille, une boucle de cheveux, un fichu, un ruban permettent l'emploi de ces coûteuses superfluités. A travers cette surabondance de parure, on aperçoit un vêtement de soie ou d'une autre étoffe chinoise de prix. Ce vêtement très-large et descendant jusqu'aux talons, est boutonné par devant, mais lâche autour de la taille. Par-dessus, les dames bouriates portent, surtout quand elles montent à cheval, un corsage très-juste, sans manches. Hommes et femmes ont sur la tête un bonnet de soie pointu, garni de zibeline, avec un morceau d'étoffe de soie rouge à l'extrémité. Aux doigts brillent des anneaux d'or et d'argent. De la ceinture pendent de longs couteaux à lame étincelante ; le sifflet chinois en laiton est également un objet du meilleur ton.

Voilà comment, jusque chez les Bouriates, le riche s'entoure d'éclat et de luxe, tandis que le pauvre habite d'ordinaire une tente de feutre enfumée qui ne lui procure guère un abri suffisant contre les rigueurs de l'hiver. La propriété mobilière de cette tente se compose de quelques caisses de bois noirci, de marmites, de hottes et de corbeilles d'écorce, de quelques nattes de feutre déchirées. Le Bouriate est rarement assez pauvre pour ne pas avoir quelques vaches et quelques moutons, car sans ces animaux domestiques, il ne pourrait ni se nourrir ni se vêtir, et se verrait forcé de se soumettre au joug odieux de la domesticité. Le cheval de selle figure aussi parmi ses *desiderata* les plus indispensables; il peut cependant en être privé, et, dans ce cas, le pauvre diable voyage à pied, ou bien chevauche sur un bœuf. Quant à son vêtement, il se borne à la seule et unique peau de mouton. Jamais robe d'étoffe chinoise ne recouvre ses membres, mais la même lourde peau d'agneau doit lui servir en été et en hiver, pendant la chaleur et pendant le froid, par la pluie et par le soleil. Quand la température est par trop accablante, on voit Bouriates et Tatars se dépouiller de leur peau de mouton et livrer leur corps nu en proie aux mouches, aux cousins, aux taons, aux guêpes.

Il est singulier qu'en fait de nourriture et de préparation culinaire, on ne puisse faire aucune différence, ou peu s'en faut, entre les riches et les pauvres. Leur alimentation commune consiste principalement en thé mongol, qui est cuit avec du lait, du beurre, de la farine et servi sans autre assaisonnement. Ce mets a été adopté même par les Russes de la zone frontière, et l'on prétend qu'il a la propriété de guérir les maladies de poitrine. Après le thé, c'est le lait qui prend la première place. Viennent ensuite le fromage, le beurre, puis en été l'airan ou eau-de-vie de lait. Bien qu'un grand nombre de Bouriates se livrent à l'agriculture, ils consomment très-peu de pain. Ce n'est pas pour eux une nourriture. Jamais il n'entre de viande dans leur alimentation ordinaire, et l'on voit rarement du poisson sous leurs tentes. En un mot, c'est le thé dont le Bouriate se nourrit chaque jour de l'année, et ce mets est commun aux riches comme aux pauvres.

L'hiver sur la frontière du nord de la Mongolie orientale.

Dès le mois de septembre, les nombreux rongeurs qui se trouvent en Sibérie entrent dans leur sommeil d'hiver, et donnent le signal de la tristesse et de la désolation qui vont bientôt envelopper ces froides contrées. Si l'on aperçoit encore çà et là, près des flaques d'eau douce, ou sur les vastes plaines rougeâtres, des bandes de vanneaux et d'oies sauvages, les derniers petits chanteurs ont déjà disparu, le silence et la solitude règnent dès lors sur les monticules formés par les marmottes, où pendant l'été, au milieu du gazon d'un vert bleuâtre, d'énormes buses restaient immobiles des heures entières, gonflant leurs plumes frisées, et guettant leur proie. Hier encore, les aigles tournoyaient au milieu des airs, ou s'élançaient, du haut de leurs aires, sur le lac voisin, et les milans, après de savantes manœuvres, fondaient tout à coup sur le hamster et la souris, ou bien sur la tendre couvée des alouettes et des lavandières; aujourd'hui, aussi loin que l'œil peut percer le clair azur du ciel, il n'aperçoit aucun de ces brigands ailés, et sur le sol nu et stérile, il cherche en vain la vie et le mouvement. Tout au plus découvre-t-on un aigle doré qui abandonne ses forêts de prédilection, et s'élance vers le Haut-Gobi, où se rassemblent de nombreuses troupes d'antilopes; ou bien encore un faucon qui paraît un instant près des demeures des Cosaques, sur les frontières septentrionales de la Mongolie, pour fondre sur les pigeons domestiques ou les innocentes perdrix.

Le hibou des zones glaciales, bien qu'on le trouve en grand nombre dans ces contrées, trahit à peine son existence pendant le jour; il reste accroupi sur le sol, le plus souvent sur le revers des terriers des marmottes, où s'amasse le peu de neige qui tombe ici. Il cherche le côté abrité du vent, et c'est seulement vers midi qu'il monte au sommet de la petite colline, où il reste, les yeux à demi fermés, à attendre sa proie, faisant de temps en temps claquer son bec avec force. Mais quand vient le soir, la chasse commence véritablement; il s'élance d'un vol rapide, rasant le sol de la steppe, et tombe sur les pauvres lièvres-rats (*Lagomys ogotona*). Il fait aussi la guerre aux perdrix, et les a forcées bientôt dans ce désert stérile, où elles sont privées de la protection que leur fournit ailleurs le couvert des arbrisseaux; aussi, pendant l'hiver, se réunissent-elles de préférence sur les rives de l'Onon, mais auparavant, aussi longtemps qu'elles restent dans les steppes glacées, l'homme leur fait une chasse ardente, comptant sur la lassitude qui les fait tomber vivantes entre ses mains.

Pour rencontrer d'autres oiseaux à cette époque de l'année, il faut se rendre au fond des vallons, ou sur les rives des lacs salés; là nous trouverons les alouettes des montagnes dont les petites troupes, composées de huit ou dix de ces charmants oiseaux, font entendre un doux sifflement; tantôt elles courent rapidement, et leurs pattes laissent sur la neige de légères traces, tantôt elles volent sans relâche, effleurant le sol; rarement elles visitent les habitations isolées de la frontière, où les moineaux se reposent pendant la nuit, et où viennent aussi le soir quelques corbeaux pour dormir sous les corniches des églises et des habitations isolées. Si d'autres membres de la famille ailée sont aperçus, ils doivent être considérés, soit comme des traînards d'émigration, des invalides fort attardés offrant une proie facile à l'ennemi, soit comme des hôtes très-rares, tels que les cailles, les bruants, à qui la haute steppe est fatale, car ils y sont aisément découverts par l'homme.

En hiver, la nature est muette dans ces déserts arides, le vent siffle sur le pâle gazon, et fait claquer l'une contre l'autre les ramilles de la rhubarbe arborescente; les champs d'absinthe qui bordent les terrains recouverts d'une couche de sel, sont mornes et rigides. Pas un nuage dans le ciel, pas une ombre à laquelle le soleil fasse parcourir la profondeur des vastes solitudes. En se rapprochant de l'horizon, le bleu du ciel devient toujours plus clair, et se change parfois en une brillante teinte jaune. Des troupes d'antilopes bondissent çà et là, leurs formes légères se distinguent à peine dans le sombre arrière-plan formé par les montagnes, mais aucun bruit ne frappe nos oreilles, et si un corbeau, dans son vol rapide, ne nous envoyait son croassement sonore, ou si, vers le soir, les alouettes et les pinsons, avant de se livrer au repos, ne murmuraient un léger gazouillis, on n'entendrait aucun autre son que les cris d'alarmes poussés par les passereaux autour des demeures de l'homme [1].

1. Gustave Raddé, observations d'histoire naturelle, dans les Mittheilungen d'octobre 1864.

CHAPITRE VII.

LE BASSIN DE LA LÉNA, ET SES ANNEXES.

La Léna. — Étendue de son bassin. — Toungouses orientaux. — La ville d'Yakoutsk. — La terre gelée. — Les Yakoutes. — La zone des Toundras. — Géologie, les fossiles. — Les Tchoukchas, les Kamtschadales.

La Léna et son bassin. — Les Toungouses.

La Léna n'est inférieure à aucun des fleuves de l'Asie septentrionale; elle traverse toute la partie la plus orientale de la Sibérie, prend sa source dans les monts qui avoisinent le lac Baikal[1], et, après un cours à qui ses nombreux détours donnent un développement de plus de mille lieues[2], se jette au nord dans l'océan Glacial.

1. L'abondance de cette source, séparée du Baïkal par une simple chaîne de rochers, ainsi que la concordance de ses crues et de celles du lac, ont propagé, parmi les Sibériens orientaux, la croyance que, de même que l'Angara, leur grand fleuve était un débouché de leur *mer sainte*.

2. Suivant un voyageur qui a longtemps et scrupuleusement navigué sur la Léna, elle aurait 2600 kilomètres entre sa source

Elle arrose les pays des Toungouses, vrai peuple sauvage à l'aspect repoussant, dont les grosses têtes sont encore plus difformes que celles des Bouriates; ils ont en outre de larges épaules, de longs cheveux incultes, hérissés, flottants en tous sens, et des haillons. Ce qui en eux frappe surtout l'européen, c'est d'apercevoir sous ces corps robustes des jambes tellement grêles qu'elles ressemblent à celles du singe, et sont comme elles terminées par d'énormes pieds.

Les Toungouses, les Bouriates et les Yakoutes sont des tribus nomades à peu près de la même famille et issues de cette race mantchoue, qui peuple le nord de la Chine et règne aujourd'hui à Pékin. Ceux de la Léna occupent toute la partie méridionale de l'angle immense, contenu entre ce fleuve, la mer d'Okhotsk et les monts Yablonoïs. Ils vivent généralement de chasse et de pêche, et s'adonnent particulièrement à la chasse des animaux à fourrure. C'était jadis en ces âpres contrées que l'on trouvait les plus belles *zibelines;* elles y sont devenues si rares aujourd'hui que ces pauvres sauvages ne peuvent plus satisfaire au tribut de ce genre qui leur est imposé par le gouvernement russe. Ils ont été obligés de se rabattre sur le *petit gris*, qui est presque la seule fourrure que l'on

et Yakoutsk, et 2370 kilomètres de cette ville jusqu'à la mer. Total 4970 kilomètres = 1240 lieues.

trouve aujourd'hui dans le pays. Ces peuplades sont d'ailleurs toutes idolâtres et esclaves de leurs chamans.

Rien de plus misérable que ceux de ces indigènes qui ont été ramenés violemment de la vie pastorale à l'existence du chasseur, par quelque épizootie foudroyante, comme il en éclate trop souvent dans ces régions. « Un jour, » dit l'amiral Wrangel, « j'aperçus une misérable case, construite en branches entrelacées et recouverte de feuilles, dont l'apparence était si chétive et si délabrée, que je la crus abandonnée depuis longtemps. Quelle fut ma surprise en découvrant qu'elle était habitée, même en hiver, par un Toungouse et sa fille, avec deux chiens. La chasse au renne était le seul moyen de subsistance de ce vieillard. Pour se faire une idée de l'horrible existence de pareils êtres, il faut se transporter en pensée au milieu de ces déserts glacés et dans cette case à claire-voie, ouverte à toutes les intempéries de l'air ! Pour moi, je plaignis surtout cette malheureuse enfant qui, pendant que son père, les pieds chaussés de patins, s'élançait dans les bois à la poursuite des rennes, et non pas toujours avec succès, demeurait seule, abandonnée pendant plusieurs jours, à peine vêtue, et manquant de nourriture, dans une hutte misérable, qui en été même eût été insuffisante pour mettre à couvert de la pluie et de l'orage ! J'appris que cet homme appartenait à cette classe de pasteurs, qui, ayant eu le malheur de perdre leurs rennes, par accident ou par maladie, se trouvent dans la nécessité de s'éloigner des leurs, et d'aller vivre isolés au désert, en fondant l'espoir d'une nourriture précaire sur les chances aléatoires et toujours dangereuses en ces contrées de la chasse[1].

Yakoutsk, où l'on arrive d'Irkoutsk par une navigation de quatre à cinq semaines, est une agglomération d'environ 600 pauvres maisons, abritant à peu près 7000 habitants; la seule curiosité qu'elle renferme est la forteresse, qui compte deux cents ans d'existence et qui tombe en ruine. Le reste ne se compose que de masures clair-semées dans des rues où l'on fait paître le bétail. Yakoutsk a eu jadis beaucoup plus d'importance; elle existait avant Irkoutsk, qui, depuis, a tué sa devancière en lui prenant son commerce. Elle ne vivait que du trafic des fourrures, dont les marchands d'Irkoutsk se sont depuis totalement emparés. Yakoutsk est obligée de s'approvisionner de tout à Yrkoutsk. A moins de circonstances particulières extrêmement favorables, c'est une ville condamnée à disparaître avant peu d'années. La province dont elle est le chef-lieu ne compte que cent soixante-dix mille habitants, répandus sur une surface de cent quatre-

1. De Wrangell : *Voyages dans le nord de la Sibérie,* 1820-1824, chap. II.

Toungouses, attelages de Rennes.

vingt mille lieues carrées, ce qui ne donne pas tout à fait un habitant par lieue carrée. Au surplus, la population totale de toute la Sibérie orientale, grande comme cinq ou six cents départements français, atteint à peine la moitié du chiffre de la population du département de la Seine en l'an de grâce 1864. Que de déserts ! Et cependant le bassin de la Léna est plus vaste à lui seul que ceux du Volga et du Danube réunis !

Géologie du bassin de la Léna.
Mammifères fossiles.

Mais, que voulez-vous? ce fleuve coule sur un lit de glace éternelle; il ne baigne pas, il traverse une terre constamment gelée jusqu'à cent vingt mètres de profondeur ! La puissance de sa couche liquide permettrait à toutes les flottes de l'Europe d'évoluer sur sa surface, mais jamais navire européen n'a franchi les bouches de son delta éternellement barré par les glaces du pôle, et dans la partie méridionale du fleuve, la navigation n'est ouverte au batelier sibérien que pendant trois mois: de juin à septembre.

Le bassin de la Léna est en réalité le plus vaste, le plus pauvre, mais aussi le plus intéressant, au point de vue géologique, de toute la Sibérie. Les rives du fleuve principal, de ses affluents ainsi que des lacs nombreux qui remplissent les intervalles des cours d'eau, sont souvent composées de couches alternantes de terre gelée et de glace pure. Les couches de glace sont horizontales comme celles de terre; mais il s'en trouve quelques veines verticales, qui sont probablement de date récente et formées par des fissures à travers lesquelles ont pénétré l'eau et la neige. Ce qui semble plus difficile à comprendre, c'est que ces couches aient pu se former ainsi, l'une au-dessus de l'autre, dans un ordre parfaitement régulier; non-seulement une fois, mais mille fois, et jusqu'à des profondeurs inconnues.

Les îles du delta de la Léna ne sont que des dépôts d'arbres et de cadavres d'animaux étrangers à la Sibérie actuelle et entassés par des courants plus puissants que ceux de nos jours. Les terres découvertes au nord-est par le cosaque Lyakhoff (1770-73), lui apparurent tellement jonchées de squelettes brisés et de grandes dents d'ivoire, qu'il leur donna le nom d'*îles aux ossements!* Plus au nord encore, dans l'archipel de la Nouvelle-Sibérie, une île d'environ 28 lieues d'étendue, présente un phénomène géologique non moins curieux : une colline, haute d'environ 200 pieds, tout à fait perpendiculaire, et composée de couches horizontales, les unes d'un grès grisâtre, les autres d'un bois bitumineux brillant. Le grès forme sa base. Sur les pentes, on trouve des fragments carbonisés qui ressemblent à du charbon de bois de saule, et sont pour ainsi dire tachetés par de petits amas de cendre, de sorte qu'on les croirait encore brûlants. Ils sont cependant si durs qu'il est très-difficile de les entamer avec un couteau. Au sommet de la montagne, le bois bitumineux, au lieu d'être, comme dans sa partie inférieure, rangé en couches horizontales, est placé debout, comme enraciné dans le sol. On dirait des pieux régulièrement disposés.

Dans les lacs de la Toundra, entre la Yana et l'Indiguirska, on a trouvé des bouleaux complétement incrustés dans le sol, avec leurs racines, leur écorce et leurs branches. Les naturels les nomment *bois d'Adam*, pour exprimer leur ancienneté ; ils s'en servent comme d'un combustible qui ne s'enflamme pas, mais qui donne une bonne chaleur. Il faut reculer de plus de cent lieues vers le sud pour trouver aujourd'hui des bois de cette essence. Comment ont-ils été apportés dans la tourbière glacée ? Y étaient-ils indigènes, et la zone du cercle polaire arctique était-elle plus chaude qu'aujourd'hui? S'il en est ainsi, quand et de quelle manière s'est opéré ce changement?

Même question, mêmes doutes pour le principal phénomène de ces contrées, pour les dépouilles d'animaux qu'elles renferment dans un état de conservation qu'on chercherait en vain ailleurs.

Dès 1733, le savant Gmelin, explorant la Sibérie par ordre du gouvernement russe, découvrit dans ces régions un nombre énorme d'ossements fossiles de grands mammifères. De 1768 à 1774, le naturaliste Pallas, chargé de recherches scientifiques dans le même pays, constata l'existence d'une prodigieuse quantité d'ossements qu'il attribua à des éléphants, des rhinocéros et des hippopotames. Il consigna dans sa relation ce fait à peine croyable d'un rhinocéros, trouvé tout entier sur les bords du Viliouï, affluent de la Léna, et encore revêtu de sa peau, de ses chairs et de ses tendons. Ce cadavre, datant de siècles antérieurs à la présence de l'homme dans ces contrées, s'était conservé dans une couche de terre gelée!

Écoutons maintenant Cuvier, parlant d'un fait analogue :

« En 1799, un pêcheur Toungouse remarqua, sur les bords de la mer Glaciale, près de l'embouchure de la Léna, au milieu des glaçons, un bloc informe qu'il ne put reconnaître. L'année d'après, il s'aperçut que cette masse était un peu plus dégagée, mais il ne devinait point encore ce que ce pouvait être. Sur la fin de l'été suivant, le flanc tout entier de l'animal et une des défenses étaient distinctement sortis des glaçons. Ce ne fut que la cinquième année que, les glaces ayant fondu plus vite que de coutume, cette masse énorme vint échouer à la côte sur un banc de sable. Au mois de mars 1804, le pêcheur enleva les défenses, dont il se défit pour la valeur de 50 roubles. On exécuta, à cette occasion, un dessin grossier de l'animal....

« Ce ne fut que deux ans après, et la septième année de la découverte, que M. Adams, membre de l'Académie de Pétersbourg, qui voyageait avec le comte Golovkin, envoyé par la Russie en ambassade en Chine, ayant été informé à Yakoutsk de cette découverte, se rendit sur les lieux. Il y trouva l'animal déjà fort mutilé.

« Les Yakoutes du voisinage en avaient dépecé les chairs pour nourrir leurs chiens. Des bêtes féroces en avaient aussi mangé ; cependant le squelette se trouvait encore tout entier, à l'exception d'un pied de devant. L'épine du dos, une omoplate, le bassin et les restes des trois extrémités étaient encore réunis par des ligaments et par une portion de la peau. L'omoplate manquante se retrouva à quelque distance. La tête était couverte d'une peau sèche. Une des oreilles, bien conservée, était garnie d'une touffe de crins; on distinguait encore la prunelle de l'œil; le cerveau se trouvait dans le crâne, mais desséché; la lèvre inférieure avait été rongée et la lèvre supérieure, détruite, laissait voir la mâchelière. Le cou était garni d'une longue crinière. La peau était couverte de crins noirs et d'un poil en laine rougeâtre; ce qui en restait était si lourd que dix hommes eurent beaucoup de peine à la transporter. On retira, suivant M. Adams, plus de trente livres pesant de poils et de crins que les ours blancs avaient enfoncés dans le sol humide, en dévorant les chairs. L'animal était mâle ; ses défenses étaient longues de plus de neuf pieds, en suivant les courbures, et sa tête, sans les défenses, pesait plus de quatre cents livres.

« M. Adams mit le plus grand soin à recueillir ce qui restait de cet échantillon unique d'une ancienne création ; il racheta ensuite les défenses. L'empereur de Russie, qui a acquis de lui ce précieux monument, l'a fait déposer à l'Académie de Pétersbourg [1]. »

Avec la sagacité intuitive du génie, Cuvier constata que ces dépouilles si étrangement replacées à la lumière du jour, appartenaient à des espèces perdues ; « à des êtres disparus, dont ceux qui existent aujourd'hui ont rempli la place, pour se voir peut-être un jour détruits et remplacés par d'autres. »

Comment ces êtres ont-ils vécu sur le sol sibérien ? Comment l'espèce tout entière y a-t-elle trouvé son tombeau ? Grave et difficile problème ! à en juger par les solutions contradictoires qu'il a sug-

1. G. Cuvier. *Recherches sur les ossements fossiles*, t. II, p. 131. Le nom de Mammouth, attribué au grand mammifère décrit dans ce passage, lui a été donné par les Yakoutes et les Tatars, et vient du mot *mama*, qui en langue Thibétaine signifie *terre* et duquel il est probable que notre mot de maman ou *mère* est dérivé.

gérées aux intelligences les plus hautes, aux esprits les plus puissants de la grande génération scientifique qui honora la fin du siècle dernier et les premières années de celui-ci.

On a fait intervenir successivement ou à la fois dans la question : les causes actuellement agissantes à la surface du globe; — celles que l'on suppose avoir agi dans le passé; — des cataclysmes subits; — des refroidissements plus ou moins lents, plus ou moins brusques de l'hémisphère boréal, — et enfin des oscillations de la croûte terrestre, tour à tour s'abîmant sous le niveau de l'Océan avec les êtres qu'elle nourrit, et tour à tour émergeant des flots avec leurs débris.

Parmi les faits allégués il en est d'irrécusables. Le littoral de la mer Glaciale, aujourd'hui inhabitable, a été peuplé à une certaine époque, ainsi que le prouvent les nombreux vestiges d'habitations et les vastes enceintes vides qui marquent la place des anciens centres de population de la Toundra. Le climat de ces terres a donc changé.

Les ossements fossiles qu'on y recueille sont souvent accompagnés, souvent incrustés même de coquillages marins. On y trouve des amas de bois flotté, jusqu'à cinquante et soixante kilomètres du rivage le plus voisin. Ce sol s'est donc soulevé après avoir été immergé.

Les tribus Yakoutes.

Après tant de tribus déjà décrites, les Yakoutes n'exigent que peu de lignes pour leur portrait et peu de mots pour leurs mœurs. Le visage comme le langage des Yakoutes dénote leur origine tatare. C'est un peuple de pasteurs, dans toute l'étendue du terme; car tout leur avoir consiste en *tabounes* nombreux et en troupeaux de bêtes à cornes, qui fournissent à leur entretien et les nourrissent. Le grand nombre d'animaux à fourrures, répandus dans leurs immenses forêts, et les profits qu'ils retirent de la vente des fourrures aux Russes, leur ont donné la passion de la chasse; ils y montrent une très-grande habileté.

Habitués dès leur enfance à supporter tous les genres de privations, ces hommes sont singulièrement endurcis : quant au froid, il semble, en vérité, qu'ils ne le sentent pas ! Un Yakoute, pour voyager en hiver, ne prend avec soi ni tentes ni pelisses. C'est dans son costume habituel qu'il se met en route, quelque long que soit le voyage et malgré la rigueur de la saison. Arrivé au bivouac, le Yakoute étend sur la neige la couverture de son cheval, place sa selle de bois à l'un des bouts, en guise d'oreiller; puis il ôte sa légère pelisse, son sayanak, se couche, et l'étend sur lui de manière à

Yakoûtes en costumes d'apparat.

garantir les reins et les épaules, tandis que le restant du corps demeure à peu près découvert. Après s'être un peu réchauffé sous cette couverture, notre homme l'attire en haut, pour couvrir une partie du visage: c'est ainsi qu'il dort du plus profond sommeil, par un froid de 20 ou 30 degrés. Quelquefois le *sayanak* glisse des épaules et une épaisse couche de givre s'étend sur le corps du dormeur, sans que son sommeil soit troublé, et que sa santé souffre la moindre atteinte. Ces hommes supportent aussi la faim à un degré extrême! Aussi donne-t-on aux Yakoutes, en Sibérie, le surnom *d'hommes de fer*.

L'étendue de leur vue est incroyable : l'un d'eux, assura à l'amiral Wrangell qu'en examinant un jour le ciel, il avait vu *une grande étoile bleuâtre en avaler de plus petites et les vomir ensuite :* c'étaient les éclipses des satellites de Jupiter que cet homme avait observées à l'œil nu !

A ces qualités naturelles il faut joindre encore *la mémoire locale*, développée au plus haut point: il n'est pas un tertre, un buisson, une flaque d'eau, une pierre, dans les vastes déserts que parcoure le Yakoute dont il ne se souvienne ; et, grâce à ce don merveilleux de la Providence, il traverse des espaces immenses, complétement déserts, sans jamais courir le risque de s'égarer.

Les Yakoutes mangent la chair du bœuf et du

cheval, toujours bouillie, et boivent du lait de vache et de jument. La manière de préparer la viande rôtie leur est inconnue, ainsi que l'art de faire le pain. Pour eux, la graisse est le mets le plus délicat, et ils ne connaissent point de plus grand plaisir que d'en dévorer une grande quantité, crue ou fondue. Ils ont en outre une sorte de bouillie faite avec du poisson, un peu de farine, du lait, beaucoup de graisse et de *l'écorce de mélèze* râpée très-fin, que l'on y incorpore pour en augmenter le volume; tel est l'aliment le plus compliqué de l'art culinaire des Yakoutes; et ils en mangent des quantités vraiment incroyables! Le lait de vache leur sert à faire une espèce de fromage aigrelet qui n'a pas mauvais goût.

Fumer est une passion commune aux hommes et aux femmes, et ils choisissent de préférence le tabac le plus fort, le plus âcre. Comme ils ne manquent jamais d'avaler toute la fumée, il en résulte pour les fumeurs une sorte d'ivresse qui, la colère s'en mêlant, a parfois les suites les plus funestes! A leur Koumis national, boisson peu spiritueuse, ils préfèrent l'eau-de-vie, malgré le prix exorbitant de cette liqueur, qui leur est apportée de Russie. Aussi les marchands russes qui fréquentent les villages Yakoutes pour y acheter des fourrures, ont-ils soin de se munir de tabac et d'eau-de-vie, dont le placement est toujours assuré.

Quoique la majeure partie des Yakoutes aient été baptisés, et que l'on ait traduit en leur langue plusieurs fragments de l'Évangile, peu d'entre eux ont une idée claire du christianisme ; bien plus, ils continuent à accorder une confiance aveugle aux sortiléges des Chamans, et pratiquent encore plusieurs cérémonies païennes[1].

Les Toundras à l'Est de la Léna.

Lorsque des bords de la Léna, en aval de Yakoutsk, on veut se diriger dans les bassins secondaires de l'Indiguirka ou de la Kolima, on trouve encore échelonnées, sur ces espaces de plus en plus inhospitaliers, des tribus Yakoutes, Toungouses et Youkaguires. Mais ces débris de populations plus denses et plus fortes s'éclaircissent de jour en jour; ils sont condamnés à disparaître. En outre les routes par lesquelles communiquent entre elles les quelques bourgades ou stations permanentes que les Russes entretiennent dans cette contrée sont impraticables pour tout autre qu'un indigène ou un cosaque. A partir de Zachivesk, une de ces stations, on ne rencontre plus de yourtes de yakoutes. La contrée, sur une étendue de 250 verstes, est un désert marécageux et tout à fait impraticable dans

1. De Wrangell. *Voyages dans le nord de la Sibérie.*

la saison des pluies. L'œil n'y rencontre ni lacs, ni pâturages mais des marais portant le cachet de la désolation. Pendant l'été, quand le temps est sec et la température chaude, leur surface seule se dessèche sans se consolider. Celui qui se hasarde à voyager par cette route s'expose au risque de la voir s'effondrer sous les pieds de sa monture ou de son attelage. Par bonheur, une glace profonde et *éternelle* se trouve en dessous, à une petite profondeur, et sauve le voyageur; sans cette glace sa perte serait certaine! L'aspect de ces fondrières est ce qu'il est possible de s'imaginer de plus monotone et de plus triste au monde : leur surface est couverte de mousse moisie, sur laquelle végètent à peine quelques mélèzes nains et chétifs. D'épouvantables tempêtes, accompagnées de tourbillons de neige, y éclatent pendant l'hiver. C'est à peine si le voyageur qui traverse ces plaines sans bornes à l'aide d'un attelage de chiens ou de rennes, a l'espoir d'y rencontrer quelque yourte mal close où, il lui est défendu de faire du feu, sous peine d'y être suffoqué par la fumée.

Une foire aux bords de la mer Glaciale.

Nijney-Kolimsk, hameau de quelques centaines d'habitants, sur les bords de la Kolima, est le chef-lieu d'un district peuplé de 2590 indigènes et d'en-

Relai de poste dans les Toundras de la Kolima.

viron 300 Russes ou Cosaques. Ceux-ci sont occupés à surveiller ceux-là, qui, si misérables qu'ils soient par toutes les causes résultant du climat et de la stérilité du sol, n'en sont pas moins tenus de verser annuellement dans les coffres du tzar *blanc*, fils du soleil, une capitation en pelleterie de 8 à 9 francs par tête. C'est lourd pour des gens qui sont condamnés à mourir de faim pour peu que viennent à manquer la remonte du poisson au printemps, ou le passage des rennes sauvages en automne. Quant aux Cosaques, outre leurs fonctions de sbires et de percepteurs, ils ont à fournir tous les ans un poste de 25 à 30 hommes à la forteresse ou ostrog d'Ostrovnoyë pour y faire la police à l'époque d'une foire très-fréquentée où se rencontrent les marchands russes et les Tchoukchas qui y accourent de l'extrémité orientale de l'Asie.

Nous allons nous y rendre de notre côté avec M. Matiouchkine, un des compagnons de l'amiral Wrangell.

« Le village d'Ostrovnoyë, bâti par 68° de latitude, dans une des îles formées par l'Aniouy, à 250 verstes de Nijney-Kolimsk, possède une forteresse ou *ostrog*, et se compose de trente chaumières et d'une chapelle délabrée. L'ostrog est formé d'une enceinte palissadée en bois, sur laquelle domine une tour placée sur la porte d'entrée : l'intérieur renferme les bâtiments de l'administration. Comme les trente cabanes d'Ostrovnoyë sont loin de suffire à loger la foule qui fréquente annuellement la foire, beaucoup de marchands campent à la belle étoile auprès de leur traîneaux chargés de marchandises, tandis que les Tchoukchas dressent leurs tent à l'écart dans une petite île.

« De tous ces apprêts résulte un tableau des plus original; c'est surtout le soir, lorsque la nuit voile les misérables huttes du village, naguère encore ensevelies sous la neige, que l'œil aime à contempler cette foule réunie temporairement au milieu d'une contrée inhospitalière : ici des colonnes d'une fumée rougeâtre s'élèvent du camp des Tchoukchas vers un ciel bleu-foncé parsemé d'étoiles scintillantes; plus loin, de vastes bûchers éclairent les nombreux traîneaux des marchands qui se chauffent à l'entour; et à l'horizon, montent et se dessinent sur le firmament les rayons pourpre et vert-clair d'une aurore boréale. A ce grand spectacle se mêlent des bruits divers. Des sons étranges résonnent au loin? c'est le tambour des *chamans* Tchoukchas; un chant plaintif et monotone effleure quelquefois l'oreille assourdie par ces sons rauques : c'est un *Sibérien* qui récite une complainte dans ce mode mineur si mélancolique, si profondément triste et si naturel pour qui habite sous un ciel de fer, et n'a constamment sous les yeux que des landes glacées et désertes! Enfin les hurlements retentissants de plusieurs centaines de chiens se font entendre de temps à autre, et dominent tout autre bruit, au milieu d'une température qui à cette époque descend au moins à 30 degrés.

« L'ostrog est la demeure du commissaire chargé de maintenir l'ordre et de protéger les marchands de Yakoutsk contre les Tchoukchas ; il est accompagné d'un ecclésiastique muni des objets du culte nécessaires à la célébration des offices, et de deux scribes. Aucun conflit ne s'est élevé de mémoire d'homme, entre la population marchande et les belliqueux Tchoukchas; et c'est heureux, car ceux-ci auraient bon marché du commissaire et de ses soldats mal équipés.

« Des marchands russes, et 125 chevaux chargés de marchandises, arrivèrent en même temps que nous à Ostrovnoyë; les Tchouktchas les y attendaient, partagés en neuf camps séparés, et commandés par autant de chefs.

« Les longs trajets franchis annuellement par ces nomades, pour arriver à cette foire, sont faits pour surprendre. Partant du cap Tchoukotchi, extrémité N. E. de l'Asie, ils traversent le détroit de Behring dans ces chétifs canots en peau de chien-marin, qu'ils nomment *baïdares*, et se rendent en Amérique, pour s'y procurer auprès des Esquimaux, des pelleteries et des dents de morses ; puis, repassant le détroit, ils s'acheminent avec leurs femmes et leurs enfants, leurs nombreux troupeaux de rennes, leurs armes et même leurs demeures portatives vers Ostrovnoyë; c'est une véritable émigration. Comme l'entretien de leurs rennes les force à ne traverser que les endroits abondants en mousse, ils ne peuvent suivre une ligne directe; nécessité qui les retient cinq mois en route. Ils ne se hasardent à traverser une steppe qu'après avoir chargé leurs traîneaux d'une quantité de mousse suffisante pour nourrir leurs rennes pendant son parcours. Arrivés à Ostrovnoyë à la fin de janvier au nombre de 300 hommes, dont 100 à 150 sont armés, ils en repartent après une dizaine de jours, et s'en retournent dans leur pays par la même route. L'année suivante ce sont d'autres hommes qui les remplacent à Ostrovnoyë. Telle est la vie remuante et active que mènent les Tchoukchas; et à l'époque même où, campés avec leurs rennes dans la vaste *toundra*, ils semblent stationnaires, la chasse les maintient en haleine et ne leur laisse pas de loisirs.

« Les Tchoukchas sont les intermédiaires du commerce entre les peuplades de l'extrémité septentrionale de l'Amérique, et les Russes; et ceci est d'autant plus vrai que ce qu'ils apportent à Ostrovnoyë en marchandises de leur pays a peu d'importance; les tribus américaines, lorsqu'elles livrent aux Tchoukchas des pelleteries et des dents de morses, reçoivent en échange des marchandises russes;

telles que tabac, fer, verroteries, etc. ; Russes et Tchoukchas réalisent ainsi des bénéfices considérables. Les provenances d'Amérique, apportées à Ostrovnoyë, consistent en peaux de renards noirs et bruns, d'isatis, de martres, de loutres, de castors, d'ours, et en défenses de morse. En fait d'objets de leur pays, les Tchoukchas y apportent des côtes de baleine, dont on se sert pour garnir des traîneaux, des sacs en peau de morse et une grande quantité de vêtements confectionnés en peau de rennes. Les marchands de Yakoutsk amènent, de leur côté, du tabac, de la quincaillerie, des ustensiles en cuivre, en fer, et même en bois; plus une énorme quantité de verroteries destinées aux femmes, qui en font un très-grand cas. La vente de l'eau-de-vie est prohibée; mais il ne manque pour frauder la loi ni de marchands, ni d'acheteurs. Lorsqu'un pauvre chasseur indigène a bu un verre de cette liqueur, qu'il appelle l'*eau furieuse*, il y prend un tel goût, il y noie tellement sa raison que, pour deux litres d'eau-de-vie falsifiée, qui auront coûté, à Yakoutsk, quelques roubles, il en viendra à donner un renard noir d'une valeur centuple.

« La foire fut solennellement ouverte le 10 février; les chefs de diverses tribus de Tchoukchas et d'autres peuplades se réunirent dans l'ostrog, pour entendre la lecture du règlement, et fixer, d'un commun accord, le prix des marchandises. On convint, après bien des débats, de livrer seize peaux de renard et vingt peaux de martres, pour deux pouds de tabac; et c'est d'après cette base que les marchandises furent tarifiées. Le lendemain 11, après l'acquittement d'un droit de patente très-modique, une messe fut célébrée, et aussitôt après le pavillon hissé au sommet de l'ostrog, chaque marchand dût se rendre à son poste. Alors les Tchoukchas, armés pour la plupart de piques, d'arcs et de flèches, s'avancèrent en bon ordre avec leurs traîneaux, chargés de marchandises, qu'ils vinrent ranger en un vaste demi-cercle. Durant ce temps, la foule impatiente des acheteurs se tenait au loin, attendant que la cloche de l'ostrog donnât le signal des échanges. Elle sonne enfin, et la cohue des spectateurs, de tous sexes et de tous âges, se précipite comme un torrent débordé vers le demi-cercle, où les Tchoukchas les attendent auprès de leurs traîneaux. Rien de plus curieux que la pétulance des marchands russes, se hâtant, se poussant l'un l'autre, dans la crainte d'être devancés, étalant suspendus à leur ceinture des couteaux, des haches, des pipes, des rassades, etc.; soutenant d'une main un lourd paquet de tabac et de l'autre un assortiment de chaudrons en fer! Ainsi changés en bazar ambulant, ils courent d'un traîneau à un autre, et s'efforcent d'attirer l'attention bienveillante des acheteurs, auxquels ils ne man-

Costumes d'hiver des Tchoukchas, homme, guerrier et femme.

quent pas de dépeindre, de vanter leurs marchandises, comme les plus belles du monde! Le bruit, les cris et l'agitation de cette foule pressée, enchevêtrée, font penser à une immense fourmilière. Parfois il arrive qu'un homme, à force de se démener pour percer la cohue, glisse sur la neige et tombe, sans que l'élan de ceux qui le suivent s'en trouve ralenti; on le foule aux pieds, il perd ses gants et son bonnet, n'importe, le malencontreux vendeur se relève en un clin-d'œil, et, tête et mains nues, par trente degrés de froid, il se précipite de nouveau à l'assaut du chaland, et ne songe qu'à rattraper le temps perdu! Avec cette excessive agitation des Russes contraste l'impassibilité flegmatique des Tchouktchas, qui, muets et le corps appuyé sur leurs lances, se contentent de faire un simple signe pour annoncer que le marché qu'on leur a proposé est rejeté ou accepté. On conçoit que le sang-froid, dans de pareilles transactions, leur donne de grands avantages sur les Russes. Ils ont une facilité merveilleuse à reconnaître le poids d'un objet sans se servir des balances; on en a vu deviner en soupesant un ballot de 100 livres, qu'il en manquait une.

« La fermeture de la foire est pour tous le signal du départ. Ostrovnoyë redevient désert, et pour peu qu'une tempête de neige s'élève quelques jours après, il ensevelit forteresse et habitations sous un tapis ondulé d'une éclatante blancheur, à travers lequel perce seulement le bâton noirci du pavillon disparu.

Les Tchoukchas, leurs mœurs et coutumes.

La peuplade des Tchoukchas étant la seule des nombreuses tribus nord de l'Asie qui ait su garder son indépendance, s'estime à bon droit au-dessus de toutes les autres peuplades voisines, qu'ils considèrent d'un œil de pitié. Vivant sous la tente, dans leurs steppes, du produit de leurs troupeaux de rennes, qui leur fournissent de quoi se vêtir, se loger et se nourrir, ils errent libres, satisfaits de leur sort, ne payant aucun tribut, dans les hauts rochers et les Toundras de la presqu'île d'Anadyr.

Les coutumes des Tchoukchas sont empreintes d'un cachet de cruauté sauvage et âpre comme leur climat : ainsi, chez eux, la mort attend l'enfant qui a le malheur de naître avec quelque difformité ; il en est de même des vieillards que les infirmités de l'âge ont affaiblis, ou qui ne sont plus en état de supporter les fatigues de la vie nomade ; on les égorge sans pitié. Et ces coutumes révoltantes font tellement partie des mœurs de la peuplade, que ce sont souvent les vieillards eux-mêmes qui, avec un stoïcisme surprenant, demandent à leurs enfants de mettre un terme à une existence qui est deve-

Danse de Tchoukchas dans la tente d'un chef.

nue un fardeau pour eux. Pendant la foire qui se tint en 1822, à Ostrovnoyë, l'un des chefs Tchoukchas, vieillard vénéré, réunit ses fils pour leur déclarer qu'il était las de vivre, et finit par les supplier de le délivrer de l'existence. Les enfants hésitèrent d'abord; mais, convaincus qu'en obéissant à leur père ils accompliraient un *saint devoir*, ils eurent l'affreux courage de l'égorger! Tous les moyens de persuasion ont été vainement employés jusqu'à présent, auprès des Tchoukchas baptisés, pour les décider à renoncer à ces coutumes sanguinaires; les chamans les ont toujours fait maintenir. Un certain nombre de ces imposteurs accompagne les Tchoukchas dans toutes leurs expéditions. Par leurs apparences de sorcellerie, par leurs prétendus rapports avec les génies invisibles du mal et du bien, ces hommes exercent sur l'ignorante peuplade un tel empire, qu'il n'y a point d'aberrations si horribles qu'ils ne puissent leur inspirer. En 1814, une maladie contagieuse ayant éclaté dans les tentes des Tchoukchas, les chamans, après avoir en vain battu le tambour magique, et fait à diverses reprises leur simulacre d'invocations, déclarèrent que les esprits ne pouvaient être apaisés que par la mort de Kotschen, l'un des chefs de la tribu. Kotschen était généralement si aimé et si respecté que, malgré l'autorité des interprètes sacrés, cette fois on refusait d'obéir à leur arrêt. Cependant, comme l'épidémie faisait de nouveaux progrès, le magnanime Kotschen, sans se douter qu'il marchait de pair avec les Codrus et les Curtius de l'antiquité classique, Kotschen se dévoua et força son fils même à lui plonger un poignard dans le cœur.

Un assez grand nombre de Tchoukchas ont reçu le baptême, mais ne sont chrétiens que de nom. A Pétersbourg on a traduit dans leur dialecte et imprimé pour leur usage un petit livre qui renferme les dix commandements de Dieu, quelques maximes de l'Évangile, le *Pater noster* et le *Credo;* mais, malgré la souplesse des consonnances de la langue russe, on n'a pu, dans cet ouvrage, reproduire les sifflements et les sons gutturaux de l'idiome des Tchoukchas, en sorte qu'il n'a pu avoir l'effet qu'on en espérait. Les Tchoukchas se laissent baptiser sans savoir pourquoi, si ce n'est qu'ils gagnent à cette cérémonie un ustensile qui leur plaît, un peu d'eau-de-vie ou de tabac. C'est ainsi qu'au temps où Louis le Débonnaire essayait de propager le christianisme dans le Nord, les rudes habitants des rives de la Baltique se faisaient baptiser, non pas une fois mais plusieurs fois, pour obtenir des missionnaires une arme et un vêtement. M. Matiouschkine a assisté à Ostrovnoyë, à une de ces cérémonies. Un jeune Tchoukchi, séduit par l'appât de quelques livres de tabac, avait consenti à se rendre à la chapelle ; mais lorsqu'on lui

Chaman Tchouktchi, exorcisant un malade.

montra la cuve pleine d'eau dans laquelle, selon le rite russe, il devait faire trois immersions, il refusa d'accomplir son engagement. Après une longue discussion dans laquelle l'interprète employait comme un souverain argument la promesse du tabac, il finit par se résoudre à entrer dans les eaux; et dès qu'il eut accompli ses trois plongeons, il s'élança dehors en criant : « Mon tabac! mon tabac! » On essaya de lui faire entendre que la cérémonie n'était point achevée. Il restait sourd à toutes les exhortations. « Mon tabac! » répétait-il; et, comme on voulait le retenir, il s'ouvrit, par un bond impétueux, un passage dans le cercle des assistants, et courut se réfugier sous sa tente.

Les Tchoukchas baptisés n'ont point renoncé à la polygamie, et tous ont plusieurs femmes, qu'ils épousent pour un temps plus ou moins long. Néanmoins, il n'est pas rare dans ces ménages, que l'une des femmes prenne assez d'ascendant sur son mari pour le fixer, et convertir une liaison qui ne devait être qu'éphémère, en mariage indissoluble : dès lors c'est elle qui gouverne en chef dans la maison ! En thèse générale, les femmes des Tchoukchas, quoique esclaves, sont infiniment plus heureuses que celles des autres peuplades de la Sibérie.

Intrépides marins les Tchoukchas ont fait communiquer l'Asie et l'Amérique longtemps avant la découverte de ce dernier continent par les Européens;

hardis et infatigables chasseurs, ils ont, en poursuivant l'ours blanc et le walrus sur les glaces de la mer Polaire, pénétré plus avant dans la direction du pôle, qu'aucune des expéditions scientifiques envoyées par le gouvernement russe ; et bien des années avant que le cosaque Lyakoff découvrît les îles à ossements qui portent son nom et que l'intrépide Hédenström explorât l'archipel de la Nouvelle Sibérie, ils avaient dressé leurs tentes sur ces plages lointaines et en avaient exploité les mines d'ivoire fossile.

En se rappelant ces choses on ne s'étonnera pas de me voir attacher une importance relative à l'existence de cette agglomération de peut-être vingt mille créatures humaines qui, sur une terre marâtre, sous un ciel de fer, maintient son autonomie et son indépendance, entre la tyrannie moscovite et les tempêtes de l'océan Glacial.

Kamtschatka et Kamtchadales.

Moins heureux que les Tchoukchas ont été les Koriaks leurs proches voisins du sud de l'Anadyr et les Kamtchadales habitants de la grande presqu'île qui s'étend entre la mer de Behring et le golfe d'Okhotsk. Les uns et les autres s'éteignent dans le marasme et la servitude et bientôt il ne restera d'eux que leurs noms. La presqu'île de Kamtschatka, plus

Aspect de la mer Glaciale au nord de la Sibérie orientale.

grande que la péninsule Italique, et qui doit à l'activité de l'immense foyer volcanique qu'elle renferme un climat moins froid et un sol moins stérile que le continent auquel elle est rattachée, le Kamtschatka, ou l'on comptait il y a un siècle cent mille indigènes n'en nourrit pas aujourd'hui quatre mille.

Conquis et assujettis par les Cosaques après de sanglantes luttes, ce sont de ces hommes dont on peut dire qu'on les soumet par le sabre, qu'on les baptise dans le sang, et qui n'ont gagné, à changer de maître, que des maladies et des vices qui leur étaient complétement inconnus. Quoique soumis en apparence à la nouvelle religion qu'on leur a imposée, la plupart des Kamtchatdales penchent pour le vieux chamanisme primordial de l'Asie centrale. La chasse et la pêche constituent leurs principales occupations. En hiver, ils se renferment dans des espèces de huttes souterraines de forme conique, ouvertes par le haut, où habitent d'ordinaire cinq ou six familles. Ils se vêtent de peaux de renne, se nourrissent de gibier salé, de graisse de chien marin, de pain d'écorce d'arbre, entretenant constamment de grands feux, s'égayant par des danses, et ne se souciant guère de la neige, qui couvre souvent la hutte jusqu'au tuyau de la cheminée. Leurs habitations d'été sont soutenues en l'air par des perches, et l'on n'y parvient qu'en grimpant. Les femmes seules s'occupent des soins du ménage et des travaux de culture, qui ont pour objets la pomme de terre, les choux et les raves. Leur été, très-court mais brûlant, permet à l'orge et même aux concombres de mûrir. Ils n'ont point d'animaux domestiques, sinon quelques porcs et quelques poules qu'on a cherché à introduire en 1820 ; mais le chien qu'ils attellent en hiver à leurs traîneaux est toujours à leurs yeux l'animal par excellence.

Le port de Petropaulowski, œuvre de la nature, est une chose vraiment belle et magnifique à voir ; il n'a peut-être pas son pareil dans l'univers entier. On y pourrait abriter, dit-on, toutes les flottes réunies des puissances du monde. Quoiqu'il ne compte guère que trois ou quatre mille habitants, tous d'origine russe, on y trouve d'infinies ressources pour le confort de la vie. Des vins exquis, des conserves de toutes espèces, des poissons à faire damner nos gourmets, des étoffes de tous genres, des toiles faites avec les filaments d'une certaine espèce particulière d'ortie, des bœufs comme on n'en voit qu'en Angleterre, des poulets comme on n'en mange nulle part; une superbe végétation due aux flammes et aux cendres de deux volcans voisins qui sont au nombre des plus élevés de la terre, un hiver peut-être un peu long, mais pendant lequel le thermomètre ne descend jamais plus bas que quinze degrés, tels sont les avantages, exotiques, ou indigènes, que l'on rencontre à Petropaulowski. Toutes

Kamtschatka. — Habitations et traîneaux.

les productions de Chine, d'Amérique, d'Angleterre, de France s'y trouvent aussi dans les deux immenses magasins que le gouvernement y entretient et qui forment une des principales décorations du port et de la ville. Ajoutons que la nature s'est chargée des fortifications de ce havre avec assez de soins et de libéralité pour avoir fait échouer en 1856 une attaque dirigée contre lui par les escadres combinées de la France et de l'Angleterre.

Dans ce pays singulier, ce n'est pas la moindre singularité que d'y voir, pendant l'hiver, le traînage et les transports faits par des attelages de chiens dressés de longue main à cet exercice. Ils en ont si bien pris l'allure, que des chevaux mêmes auraient de la peine à égaler la rapidité de leur course. L'été, ces animaux, d'un aspect assez hérissé et au nombre de cinq ou six mille, sont enchaînés non loin de la ville, au bord d'un ruisseau aux cent bras qui serpente au penchant d'une colline. Là, chacun se creuse un abri dans la terre. Deux fois par jour on leur apporte du poisson séché au soleil; ils n'ont point d'autre nourriture pendant tout l'hiver. On n'a point d'idée de la voracité avec laquelle ils se jettent sur cette proie dont la vue et l'odeur n'ont cependant rien de bien engageant. Rien de plus curieux et en même temps de si original que l'aspect de ce courant d'eau bordé d'une multitude de chiens à demi sauvages, qui tous se mettent à hurler dès qu'ils aperçoivent d'autres personnes que leurs gardiens; les premiers hurlent parce qu'ils vous voient, les seconds parce qu'ils vous sentent, et le reste parce que leurs compagnons aboient; c'est, sur toute la colline, un tapage à ne pas s'entendre et à imposer silence, dans les régions infernales, aux trois gueules de Cerbère[1].

1. Mlle Lise Christiani; notes de voyage, publiées dans le *Tour du Monde*, 1863.

CHAPITRE VIII.

BASSIN DU FLEUVE AMOUR.

Le fleuve Amour. — Les Russes sur ses bords. — La lice et sa compagne. — Aspects du fleuve. — Les ruines d'Albassin. — Indigènes. — Végétation et culture. — Une ville chinoise. — Les forêts vierges de l'Hing-Gan.— La chaîne de Buriya. — Le Sungari. — Tribus du Bas-Amour. — Conquêtes diplomatiques de la Russie. — La Sibérie orientale à quelques marches de Pékin.

Le fleuve Amour. — Les Russes sur ses bords.

Le fleuve Amour ou Saghalien est formé par la réunion de deux puissants cours d'eau, l'Onon et l'Argoun, qui prennent naissance non loin l'un de l'autre, sur les flancs opposés d'une même chaîne de montagnes, en pleine Mongolie, entre le 48e et le 49e degré de latitude, et sous le 107e méridien à l'est de Paris. Le premier grossi des eaux de l'Ingoda, de la Chilka, dont il prend le nom, et d'autres tributaires que lui envoient les monts Stavanoïs, qui séparent son bassin de celui du lac Baïkal, est déjà navigable pour de grandes embarcations devant la ville de Nertschinsk, célèbre par ses mines, ses usines métallurgiques et par le séjour qu'y ont fait de glorieux forçats. Le second qui n'a pas moins de quatre cents lieues de longueur quand il se réunit à l'Onon devant Ust-Strelka, parcourt les plus riches pâturages de la Mongolie. Des traditions vénérées, nourries de génération en génération parmi les nomades de l'Asie centrale, font de l'Argoun la rivière sainte des Mongols. C'est dans les forêts qui ombragent ses sources, dans les rochers qui les entourent, que Tchénghis-Khan naquit, grandit et reçut des dieux la mission de guider ses compatriotes au pillage du monde. Jamais un chef khalkas, amené dans le voisinage de ces lieux vénérés par un caprice ou un besoin de son existence errante, ne s'en éloigne sans murmurer quelque incantation rhythmique, que nous, Français, nous traduirions exactement par ces vers de notre Béranger :

> .... J'ai d'un géant vu le fantôme immense
> Sur nos bivacs fixer son œil ardent ;
> Il s'écriait : « Mon règne recommence.... »

On assure que ces nomades, voyant se démanteler autour d'eux l'empire chinois et grandir d'autant la puissance russe, inclinent à transporter à celle-ci un serment d'allégeance qu'ils n'ont jamais prêté qu'à regret à la dynastie mantchoue qui trône encore à Pékin. Il est plus que probable que les empiétements journaliers des Russes en Mantchourie ne sont pas sans influer sur cette grave détermination des tribus khalkas. La manière dont se sont opérés ces empiétements ne laisse pas que d'être caractéristique.

Le traité de Nertchinsk, conclu en 1733 entre la Chine et la Russie, désignait la chaîne des monts Yablonoïs, qui donne naissance aux affluents septentrionaux de l'Amour, comme la frontière naturelle des deux empires. Or, en 1845, un voyageur de Saint-Pétersbourg, M. Middendorff, découvrit le long d'un de ces affluents et bien au sud de la ligne de faîte des Yablonoïs, une borne dressée à l'époque du susdit traité par les commissaires chinois, trop paresseux sans doute pour aller l'ériger au sommet des montagnes. Aussitôt acte fut pris de cette trouvaille, les cartes russes furent corrigées, et peu à peu la limite des possessions moscovites descendit jusqu'au thalweg du grand fleuve. Nicolaïevsk, une place forte, fut fondée à l'embouchure même de l'Amour, et quand un envoyé de Pékin s'y rendit pour intimer aux Russes, selon le formulaire du Céleste-Empire, l'ordre de purger de leur présence le sol chinois, on se contenta de lui montrer les batteries de quelques vaisseaux de guerre et de lui demander « si cela ne suffisait pas pour légitimer et maintenir les faits accomplis. » C'était, on le voit, la réponse même que la lice fait à sa compagne dans un apologue bien connu; la Chine dut s'en contenter en cette occasion, et, à en juger par ce qui a suivi, dans beaucoup d'autres encore.

En 1854, le gouvernement russe chargea une commission d'aller étudier ses nouvelles acquisitions. Rendus à Irkoutsk dans le courant de l'hiver, les membres qui la composaient s'acheminèrent, le printemps venu, vers les vallées supérieures de l'Amour, les uns par Kiachta, rendez-vous connu des caravanes chinoises, les autres par le lac Baïkal, ce grand *emporium* des relations futures de la Sibérie avec les mers orientales; après avoir franchi par des routes carrossables les cols faciles et peu élevés des monts Stavonoïs, ils étaient tous réunis à la fin de mars 1854 sur les rives de la Chilka, dans la ville d'Ust-Strelka, où les attendait le steamer destiné à les porter jusqu'à l'océan Pacifique. Tout en complétant leur rapport par des extraits empruntés à des relations plus récentes, nous allons les suivre sur le grand fleuve.

Aspect du fleuve. — Les ruines d'Albasin. Indigènes. — Végétation et culture.

Partis le 30 mai, nous rencontrâmes sur la rive gauche une tribu d'Orotsches, branche de la grande famille des Toungouses. Ces peuplades sont tributaires de la Russie et tributaires si bénévoles que pendant tout le siècle et demi écoulé entre le traité de 1689, qui enleva ces régions à la Russie, et celui de 1842 qui les lui rendit, ces bonnes gens n'ont pas manqué une seule fois d'adresser incognito leur impôt annuel de fourrures au grand Khan blanc de l'Occident. Plus loin, nous rencontrâmes des Toungouses dans des bateaux faits en écorce de bouleau. Ils appartenaient à la tribu de la Mauri et ils payent, à ce qu'il paraît, une faible taxe aux receveurs chinois. Nous leur offrîmes un peu d'eau-de-vie, et nous leur donnâmes quelques petits objets d'ornements. L'un d'eux parlait, outre sa langue naturelle, le russe, le chinois et le mandchou.

Ce jour-là nous fîmes 130 verstes, et le 1er juin, nous arrivâmes à l'endroit où se trouvaient autrefois Albasin, le chef-lieu des établissements que les Cosaques, premiers explorateurs du bassin de l'Amour, avaient fondé le long de ce fleuve. Attaqués dans ce poste, sous le règne de l'empereur Kang-hi, par une armée de près de cent mille Chinois, peut-être n'auraient-ils pas été débusqués de cette forteresse sans le concours que les jésuites missionnaires, qui résidaient alors à Pékin, prêtèrent aux assaillants. La chute d'Albasin mit un terme aux expéditions que ces hardis pionniers de la puissance russe faisaient sur cette grande route de l'Océan oriental, et les remparts carrés de cette forteresse portent encore aujourd'hui les traces de ce combat. Cette petite poignée de héros, ramenée en Europe, fut conduite à la résidence de l'empereur qui, pour honorer leur courage, les institua les gardes du corps de sa race, honneur qui s'est transmis à leurs descendants, lesquels forment encore aujourd'hui une petite famille d'Albasinskis.

En amont des ruines, l'Emuri ou Albasicha, se jette dans l'Amour sur la rive droite. Avant d'arriver au confluent, nous reconnûmes sur une île basse qui a deux verstes de longueur, les traces des batteries élevées par les Chinois-Mandchoux lorsqu'ils s'emparèrent d'Albasin. Ici aussi le caractère de la végétation change : sur les pentes sud des montagnes, le larix est remplacé par le chêne et par le bouleau noir, et à leur pied on voit l'ormeau et le noisetier avec une bordure de saules, de frênes et de rosiers sauvages. Cependant la végétation qui couvre le sol porte encore le cachet de la flore daourienne.

Les Manégriens, dont nous aperçûmes quelques hameaux dans cet endroit, nous regardèrent passer avec une parfaite indifférence, quoique bien certainement ils n'eussent jamais vu de bâtiment à vapeur remorquant une longue file d'embarcations. La musique que nous faisions à bord ne les dérangea seulement pas de leurs occupations.

Le 4 juillet, nous commençâmes à apercevoir dans l'Amour quelques îles couvertes de peupliers, de frênes et de saules. Le soir, à huit heures, nous stoppâmes sur la rive gauche; nous étions devant un des plus jolis endroits que nous eussions encore rencontrés. Les rivières Tauro et Augan entourent une riche vallée ouverte; quelques Manégriens rôdaient sur leurs rives, où ils faisaient paître de jolis troupeaux de chevaux, parmi lesquels nous remarquâmes quelques bêtes blanches vraiment magnifiques; tout le territoire que nous aperçûmes ce jour-là, semble très-propre à l'agriculture et à l'élève du bétail; les vallées qui commencent au bord même de l'eau, sont entourées par des collines qui s'élèvent en amphithéâtre, et qui, dans quelques endroits, viennent expirer aux bords du fleuve, où elles se terminent par des falaises à pic.

A 40 verstes plus loin, à l'embouchure du petit Onon, un clan de Manégriens habitait sept hameaux disséminés sur un court espace. Un de ces nomades nous raconta une singulière légende sur une montagne de sable nommée Zagajon qui s'élève au fond d'une échancrure de la rive gauche du fleuve; aussitôt qu'un homme s'en approche, elle vomit de la fumée, mais quand il s'éloigne, la montagne cesse de fumer. Les populations de cette rivière, qui sont d'origine toungouse, et toutes adonnées au chamanisme, ont une grande vénération pour cette montagne miraculeuse, et elles sont convaincues qu'elle est habitée par un esprit infernal. Elle a une étendue de 30 verstes; ne pouvant l'explorer de très-près, nous supposâmes que la fumée qui s'en exhale pouvait provenir de la combustion de quelques couches de charbon de terre, ou bien que la montagne renfermait des excavations, comme il y en a fréquemment dans les montagnes calcaires de la Sibérie orientale, et que lorsque l'air extérieur se refroidissait, l'air chaud de l'intérieur sortait de ces excavations sous forme de vapeurs.

Plus bas les bords du fleuve changent encore de caractère. Les larges vallées qui bordent les rives du fleuve s'agrandissent, les montagnes à pic s'éloignent de plus en plus, les prairies sont couvertes de gras pâturages. Le nombre des îles augmente; le fleuve coule avec rapidité vers le sud, formant des coudes si brusques de l'est à l'ouest, qu'il semble quelquefois que l'on est ramené en arrière; nous passons devant de larges vallées, nous doublons des îles basses; partout des peupliers, des frênes, des pommiers sauvages (*pyrus spectabilis*), se succèdent alternativement avec des buissons de sureau à graine rouge et des saules. Sur les montagnes, croît une petite variété de chêne à côté du bouleau noir. Les larix et les pins deviennent plus rares. Les prairies sont couvertes d'herbes excellentes. Dans les immenses vallées, on pourrait élever de nombreux troupeaux de bétail, mais jusqu'à présent il n'y a de vivant, dans ces solitudes, que la puissante activité imprimée à la végétation par la nature.

A 200 verstes plus loin, sur la rive droite de l'Amour, vingt-trois maisons, nombre considérable pour ces régions, composent le village d'Amba-Sachalgan. Profitant de la halte de la nuit, nous allâmes le visiter. Quatre vieillards, deux vieilles femmes et trois jeunes enfants s'y trouvaient seuls dans le moment, tout le reste des habitants était parti à la chasse ou à la pêche. Les maisons disséminées étaient mal construites, en bois, joncs et argile. Il y avait du papier huilé aux fenêtres à la place des vitres. Les chambres étaient ornées de peintures sur toile représentant des divinités du culte de Bouddha ou de Fo. Sur les murs, il y avait quelques ouvrages chinois, entre lesquels on voyait des armoires servant à serrer les ustensiles de ménage. Des massifs de bouleaux, d'ormeaux, d'érables, d'acacias et de l'incomparable *pyrus spectabilis*, ombragent chacune de ces humbles demeures, qui toutes possèdent un jardin cultivé avec le plus grand soin; j'y ai remarqué différentes espèces de millet et du blé de l'Inde; puis, dans de petits carrés, des radis gris, des poireaux, de l'ail, du poivre d'Espagne, des haricots et des légumes.

En vrais Russes, nous avons surtout admiré deux

nouvelles variétés de choux. Ces indigènes possédaient peu de bétail et de chevaux, mais beaucoup de cochons et une espèce particulière de poules.

Le jour suivant, au détour d'un cap qui se dressait sur notre gauche, s'ouvrit devant nous l'immense vallée de la Séja ou Zéya, dont les bords s'étendent à perte de vue, et qui vient se jeter sur la rive gauche de l'Amour par une vaste embouchure. Ses eaux coulent comme un large ruban dans le fond de la vallée. Cet endroit est d'une beauté incomparable; je n'ai jamais rien vu de semblable. La largeur et la profondeur de l'Amour sont considérablement augmentées par cette masse additionnelle d'eau. Si le pays qui entoure Albasin, les embouchures de Kamara et de l'Argoun sont propres à créer des établissements, la vallée de la Séja est très-préférable sous d'autres rapports. D'après un rapport daté de 1681, on aurait trouvé du minerai de fer dans les *montagnes blanches*, à mi-distance entre l'embouchure de la Séja et de la Selinga, un de ses affluents.

Une ville chinoise. — Les forêts vierges de l'Hing-Gan.

A 30 verstes de l'embouchure de la Séja, gît la ville de Sagalien-Ula-Khoton. Tout le trajet intermédiaire est semé de petits villages composés de quelques huttes si espacées, que l'un d'eux occupe une étendue de cinq verstes le long de la rive. Dans le voisinage des maisons on apercevait quelques champs cultivés. Le port, qui est un peu au-dessous de la ville, renfermait trente-cinq grandes barques pouvant porter chacune trois cents *pouds* (environ dix mille kilogrammes). Quelques membres de l'expédition ayant manifesté le désir de visiter cette ville chinoise, furent reçus au débarcadère par l'amban ou gouverneur mandchou et par trois officiers, qui les invitèrent à entrer sous une tente devant laquelle il y avait deux bancs. Pour cette réception, on avait dû réunir certainement tous les soldats de la place, car il y en avait bien un millier. Ils étaient armés de longs bâtons auxquels une pointe aiguë, quelquefois noircie, donnait assez l'aspect de nos piques. Quelques-uns d'entre eux avaient des sabres lourds et grossiers; d'autres, mais en petit nombre, étaient armés de mauvaises carabines; presque tous tenaient à la main de petits arcs et avaient sur l'épaule un carquois garni de flèches; non loin de la tente, se prélassaient dix canons montés sur affûts, avec de grandes roues assez grossièrement faites; chaque canon était couvert d'un petit toit ou abri d'écorce de bouleau; le tout peint en rouge ainsi que les affûts. Auprès de chaque canon, se tenait un homme avec un petit bâton à la main, mais nous ne pûmes pas voir si le bâton servait de manche à une mèche. L'amban nous refusa la permission de pénétrer dans la ville. Pendant l'entrevue, les soldats entrèrent en si grand nombre dans la tente, que l'on fut obligé, à deux fois, de les repousser avec des bâtons. En face de la ville basse, il y a une île sur laquelle on peut voir les débris d'un mur en terre, derniers vestiges de la forteresse que les Chinois-Mandchoux avaient construite sur cette île, pour s'opposer aux excursions que les Cosaques du dix-septième siècle faisaient sur la rivière.

A 5 verstes au-dessous de Sagalien, sur la rive gauche de l'Amour, gisent les restes d'Aigunt, qui, au dix-septième siècle, avait toute l'importance que l'autre cité a acquise aujourd'hui.

Toute cette contrée rappelle les meilleures terres du centre de la Russie d'Europe. Elle pourrait contenir une population considérable qui y trouverait toute facilité pour y élever de nombreux troupeaux et cultiver d'immenses champs qui n'attendent que la charrue. En outre des ressources que des colons actifs retireraient d'un sol vierge, couvert de prairies naturelles admirables et d'une magnifique végétation forestière, l'Amour leur fournirait une quantité inépuisable de poissons.

Sur les collines boisées qui circonscrivent ces vallées, alors que, pendant les courtes nuits de juillet, de légers brouillards s'étendent sur les bruyères et les prairies marécageuses, on entend retentir de tous côtés le faible cri des jeunes chevreuils qui s'approchent avec leur mère des bords humides des marais, et en même temps l'eau s'agite comme si des bulles d'air en soulevaient rapidement la surface; ce sont les poules d'eau qui, le corps penché en avant, fuient avec tant d'adresse et de légèreté, cachées dans les hautes herbes, qu'elles sont bien rarement surprises par le chasseur même le plus adroit. Chaque nuit, surtout en mai et en juin, les arbres résonnent du léger gloussement, aux notes fréquentes et rapides, de l'engoulevent et de temps à autre s'y mêle le cri sourd et lugubre du grand-duc, perché sur une cime voisine. Tandis qu'un silence profond règne dans les forêts du lac Baïkal, ici tout est vie et animation. Dans le délicat feuillage du mélèze, le gobe-mouche sibérien voltige de tous côtés avec empressement pour trouver la nourriture de sa jeune couvée; plus loin, du sommet d'un chêne de Mongolie, une bande de geais s'enfuit effrayée en poussant des cris aigus, ou bien nous voyons une nuée d'étourneaux s'élever des bords de la prairie. Ces oiseaux trahissent de très-loin leur présence par leur concert bruyant et monotone, où l'on distingue surtout les notes rauques des plus jeunes. En même temps, le roucoulement de la tourterelle se fait entendre, et du sein fleuri de la *lespedezia* dont les belles fleurs rouges s'inclinent gracieusement vers le sol, *l'embérise* fait entendre sa douce chanson. Partout où dans ces forêts le soleil se fraye un passage à travers l'épaisse feuillée, il éveille le gazouillement des oiseaux.

Le long des bras et des baies humides de l'Amour, les spatules vont et viennent sur le sable fin et blanc du rivage, dans lequel les petits chevaliers impriment la trace de leurs ongles. Immobile et grave, le héron gris se tient prêt à saisir sa proie, au bord du courant qui coule avec lenteur, mais parfois, dans la pose la plus comique, il se cramponne aux saules et aux joncs élevés, jusqu'à ce que notre approche le fasse fuir dans la baie voisine. Les hauts roseaux qui forment le long du rivage une sorte de forêt impénétrable sont le séjour favori des chanteurs aquatiques, et au milieu d'une racine qui s'élève au-dessus de l'eau, se repose immobile, l'œil fixé sur le courant, l'alcyon d'Europe.

Ce n'est qu'au confluent de la Burija que se termine cette suite de grandes vallées qui attendent l'agriculteur et le pâtre, et que le bassin de l'Amour est de nouveau resserré entre les montagnes.

La chaîne des monts Inkhans, qui limite à l'ouest le bassin de la Soungari, franchit ici l'Amour pour aller croiser au nord les monts Yablonoïs et projeter de lointaines ramifications jusqu'aux extrémités

Vue du fleuve Amour à la hauteur des monts Inkhans.

nord-est du continent Asiatique. Dans cette partie resserrée de son lit, qui n'excède guère deux cents à deux cent cinquante mètres de largeur, l'Amour n'offre aucune de ces nombreuses îles qui le caractérisent en amont comme en aval; mais ses eaux plus profondes, plus rapides et plus claires que partout ailleurs, réfléchissent, comme un limpide miroir, l'admirable végétation de ses bords. A droite et à gauche du navigateur, croît, verdoie, grandit et s'échelonne jusqu'aux sommets des montagnes, jusqu'aux extrémités de l'horizon, la forêt primitive, la forêt vierge aux puissantes futaies, à l'impénétrable sous-bois. Tandis qu'à trente mètres du sol le cèdre sibérien, le juglans, le pin cimbro et le chêne de Mongolie forment de leur puissante ramure une voûte rigide, d'un vert sombre, qu'émaillent çà et là, de teintes blanchâtres et mobiles, les folioles argentées du tremble et du bouleau, au pied de ces géants du règne végétal, d'innombrables arbustes, d'innombrables plantes, spécimens variés de cette flore daourienne si chère aux botanistes et à l'horticulteur, se pressent dans un pêle-mêle indescriptible, dont la confusion est encore augmentée par les inextricables liens de la vigne sauvage et des *trohastigma*, étendant leurs tiges sarmenteuses du tronc gisant et vermoulu, où plongent leurs racines, au faîte de l'arbre plein de séve qui leur sert d'échelon vers la lumière et le soleil.

Dans ces épais fourrés, les seuls sentiers frayés sont ceux que les ours des montagnes se sont ouverts entre leurs repaires, et en 1854, ni la hache du bûcheron, ni le fusil du chasseur n'avaient encore averti la faune de ces profondes solitudes que les hommes de l'Occident tenaient pour elle en réserve des bruits plus redoutables que les rauquements du tigre, son roi jusqu'alors incontesté.

La Songari. — Tribus du Bas-Amour. — Progrès de la Russie. — La Sibérie orientale à quelques marches de Pékin.

L'embouchure de la Soungari que l'on croise plus loin sur la rive droite donne accès dans la Mandchourie centrale. L'immense vallée circulaire, qui s'ouvre derrière les collines de la rive, a une largeur de 185 verstes et sa profondeur est inconnue. Quand on voit, après la jonction des deux fleuves, l'Amour couler en une seule branche dans un nouvel étranglement de montagnes, on ne peut pas croire que ses eaux seules aient pu se frayer un passage dans ces gigantesques contre-forts de pierre et la pensée s'arrête sur les commotions et les cataclysmes qui lui ont creusé son lit actuel.

Des peuplades de cette partie du fleuve, les Goldiens sont les plus occidentaux, les Manguntsiens viennent ensuite et s'étendent entre les Goldiens et les naturels de la zone maritime de la côte. Ces derniers, les Gilyaks, chassent les bêtes sauvages, surtout les ours, qu'ils gardent et engraissent dans des cages, ainsi que des voyageurs précédents l'avaient déjà affirmé.

Leurs tribus semblent avoir du sang ayno dans les veines ; tous les autres riverains du fleuve descendent sans doute des Toungouses.

Si la vue des premiers steamers qui se succédèrent sur leur fleuve nourricier parut étonner vivement ces sauvages, ils ne parurent pas soupçonner la liaison qui existait entre ces apparitions étranges et les destinées futures de leur pays. Ils se contentaient de demander : « mais pourquoi les Russes passent-ils donc si souvent par ici ? » La réponse à cette question naïve ne se fit pas longtemps attendre.

Depuis la fondation de Nikolaïesk, ce que nos voisins d'outre-Manche appellent le flot du Nord (*the wave from the north*), n'a cessé de monter et de s'étendre. Il n'a pas tardé à envahir et de couvrir l'île Saghalien tout entière ; et la manière dont s'est opérée cette nouvelle acquisition de l'empire russe vaut la peine d'être rappelée ici. Le général Mouravieff, gouverneur général de la Sibérie orientale, étant venu à Yédo, avec une escadre, pour ratifier quelque traité de commerce ou de frontières, un homme de sa suite fut assassiné dans un des faubourgs de cette capitale. Un général diplomate, appuyé par six ou sept vaisseaux de guerre, n'était pas homme à essuyer un tel outrage sans le porter sur son compte de négociations, au débit du gouvernement japonais ; et par suite celui-ci céda, comme balance ou indemnité, la partie méridionale de l'île Saghalien, dont la Russie s'était déjà fait donner par la Chine la moitié septentrionale. Ici elle avait trouvé des tribus gilyakes, toutes disposées, comme celles du continent voisin, à accepter son joug. Plus au sud, elle a rencontré les Aynos, anciens aborigènes des grandes îles de Nyphon et de Jesso, d'où ils ont été expulsés par les Japonais. La haine séculaire qu'ils portent à leurs anciens maîtres, fera de ces sauvages d'utiles éclaireurs des avant-postes russes sur les frontières du Japon.

La possession de l'île Saghalien complète parfaitement les territoires de l'Amour. Prolongeant au sud la ligne formée par le Kamtschatka et les îles Kouriles, commandant à l'est l'embouchure du grand fleuve; couvrant, comme une digue, de plus de 600 milles géographiques de longueur, les côtes de la Mandchourie contre les lames et les orages du grand Océan, elle est aussi utile, aussi indispensable aux établissements créés, ou médités par la Russie dans ces parages, que l'île de Wight l'est à l'Angleterre. Parallèlement à elle, ces rivages du continent asiatique, que notre Lapeyrouse explora le premier et qu'il baptisa d'appellations françaises, voient leurs ports se peupler de colons russes, se garnir de vaisseaux, de retranchements et de batteries russes. Dans la baie de Castries, l'établissement militaire et maritime d'*Alexandrovsk* commande le plus bel ancrage du monde et communique déjà, par de bonnes routes, en attendant deux voies ferrées, d'un côté avec Nicolaïevsk, de l'autre avec le lac de Kisi. A 280 kilomètres plus au sud, la cité de *Konstantinovsk* s'élève au fond du *Port-Impérial*, et ces importantes créations, dont les noms seuls sont significatifs, ont été suivies de beaucoup d'autres qui ont porté la colonisation russe jusqu'au 43e degré de latitude, parallèle qui marque aujourd'hui, avec le consentement de la Chine, l'extrémité méridionale du littoral de la Sibérie orientale.

Bien plus, lors de la conclusion des derniers traités entre la Chine, la France et l'Angleterre, le ministre russe a su par on ne sait quel procédé arracher à la faiblesse de la cour de Pékin la concession de toute la partie de la Mandchourie comprise entre la mer du Japon et le fleuve Osouri, dont le cours tout entier navigable, séparera bien moins les deux empires limitrophes qu'il ne permettra à la Russie de prendre une position formidable à quelques marches de la Corée, de Moukden et de Pékin, et de surveiller toutes les phases de la décadence de son sénile voisin, de manière à être toujours prête à en profiter.

En prévision des événements, des centaines d'officiers appartenant à la marine impériale, à l'artillerie et au génie, ont été expédiés des ports de la mer Noire vers ces parages lointains. Un pouvoir, que rien n'arrête ou ne contrôle, pousse incessamment dans la même direction des milliers de colons des confins européens et des milliers d'exilés tirés des différentes provinces de la Sibérie, et d'ailleurs. De nombreux steamers construits à Hambourg, et destinés à renforcer ceux qui font déjà le service du fleuve Amour, ont transporté dans les divers établissements de ses bords ou du littoral maritime, des métiers et des machines. Enfin, dans la ville récente de Blagovschenk, fondée comme une menace en face de la cité chinoise de Saghalien-Ula, une banque puissante a été établie pour venir en aide au commerce nouveau, à la navigation, aux manufactures et à l'agriculture naissantes.

Ainsi se vérifient les prédictions accréditées parmi les Khalkas; ainsi se justifient les espérances propagées de siècle en siècle sur la *terre des herbes*. Les arrière-petits de Tchenghiz-Khan reviennent des confins de l'Occident au berceau de leur race; ils y rentrent, enrichis non-seulement du pillage des nations vaincues, mais ils y rapportent des trophées plus précieux que toutes les dépouilles opimes : — les arts, l'industrie et les armes de la civilisation moderne.

CHAPITRE IX.

LES MARCHES, OU FRONTIÈRES MÉRIDIONALES DE LA SIBÉRIE.

FRAGMENTS EXTRAITS DES VOYAGES DE WITLAM ATKINSON[1].

Le pays des Khalkas. — Ancienne Mongolie. — Un aoul. — Hospitalité des descendants de Tchinghiz-Khan. — La steppe, sa faune et ses dangers. — Un sultan Kirghiz. — Chasse de grand seigneur. — Un camp de bandits. — Pluie de bolides. — Les patriarches modernes. — Vendettas, funérailles. — Les monts Alataus. — Menhirs de l'Asie centrale. — La caverne de Satan. — Où sont les frontières actuelles de la Sibérie méridionale.

Le pays des Khalkas. — Ancienne Mongolie.

.... Je venais de parcourir l'Altaï. La vallée de la Katounia m'avait conduit jusqu'au sommet du Biélouka. De ce point culminant du massif altaïque, je descendis vers le sud, résolu à aller chercher dans le Gobi des scènes qui n'avaient jamais été

1. Oriental and Western Siberia. London, 1858. Travels in the regions of the upper and lower Amoor. London, 1858.

contemplées par un œil européen et reproduites par un pinceau. Là, je savais que ma carabine serait nécessaire à autre chose qu'à conquérir mon dîner. Là le courage et le sang-froid du voyageur sont mis à l'épreuve par des indigènes inaccessibles à la crainte et à la fatigue. Il faut avoir la main ferme, l'œil prompt et l'habitude des armes, si l'on veut s'y garantir de tout acte de violence. Le pillage est le droit commun du désert, et, ce qui est pis, le voyageur qui succombe, s'il n'est pas mis à mort, est destiné à subir une captivité certaine.

J'emmenai avec moi trois Cosaques, braves et honnêtes compagnons sur lesquels je pouvais compter, et sept Kalmouks, forts et robustes chasseurs, rompus à la vie pénible des montagnes. Leurs cheveux coupés ras, à l'exception d'une touffe sur le sommet de la tête et retombant en longue tresse sur leur dos, leur communiquaient un air tout à fait chinois. De fait, ils pouvaient être considérés comme des sujets chinois. Malheureusement pour eux, la Russie les contraint aussi à lui payer une taxe.

Nos explorations commencèrent au delà de la rivière Narym, à l'endroit où les monts Kourtchoums devraient, selon les géographies usuelles, se réunir au grand Altaï. Mais on ne trouve cette dernière chaîne de montagnes que sur nos cartes; dans la nature, elle n'existe pas. De nombreuses ramifications courent de l'Altaï à travers le désert d'Oulan-koum : c'est dans cette direction que je portai mes pas. J'avais deux objets en vue dans ce voyage : visiter les monts Tangnous que j'avais aperçus du sommet du Biélouka et le grand lac Oubsa-Noor qui reçoit tant de cours d'eau sans avoir aucune issue.

Il existe dans la chaîne du Tangnou un grand nombre de cimes qui dépassent le niveau des neiges éternelles : quelques-unes doivent dépasser 3,500 mètres. Pendant plusieurs jours je cheminai au sud, les laissant à notre gauche. A cette distance, les nombreux pics de la chaîne étaient beaux à contempler; leurs cimes blanchies par la neige tranchaient sur l'azur profond et les faisaient ressembler à des aiguilles d'argent congelées.

Le cinquième jour, pendant que le soleil descendait derrière leurs sommets, des flots d'une lumière fauve se répandirent dans le ciel. Bientôt cette nuance fit place à une autre, orangée, teintée de brun; des nuages cramoisis s'étendirent sur les crêtes des montagnes, tandis que des masses de rayons floconneux gisaient épars sur un paysage argenté. C'était une scène rare pour mes yeux, mais fort commune dans cette contrée où aucun peintre n'a encore contemplé ces merveilleux effets, ni admiré leur charme.

J'en esquissai une ébauche, puis je suivis les traces de mes compagnons, l'esprit profondément absorbé dans la contemplation du tableau déployé devant moi. Au sud, quelques collines basses d'un aspect sablonneux, couraient à l'est et à l'ouest; au delà était une plaine immense, sans bornes, où toutes les armées de l'Europe eussent pu être rangées et ne sembler qu'un point isolé, sans importance. C'est ce désert que Tchenghiz-Khan a fait traverser à ses hordes sauvages il y a plus de six cents ans. A mon exemple, sans doute, elles ont contemplé le soleil descendant derrière les montagnes, sur la route de l'Occident, et, de plus, souhaité d'assouvir au delà leurs instincts de sang et de pillage.

Il est probable que les nombreux *tumuli* dispersés au loin dans ces plaines interminables renferment les reliques des peuples qu'elles ont exterminés. La nature a marqué là les traces du conquérant depuis le lieu où il naquit sur l'Onon jusqu'à ceux qui furent les théâtres de ses dévastations terribles lors de sa course vers l'Occident. Je n'avais aucun moyen d'ouvrir quelqu'une de ces tombes éparses le long de ma route : ce fut pour moi l'objet d'un grand regret.

Cependant la nuit avançait rapidement. Pendant que je dessinais en pensant à Tchenghiz-Khan, mes Cosaques avaient renoncé à l'espoir de trouver un *aoul*, dont rien n'annonçait la présence dans le voisinage.

Nous étions décidés à passer encore une nuit au bivac lorsqu'au détour d'une étroite vallée nous découvrîmes tout à coup des chameaux pâturant à quelque distance, derrière les chameaux un certain nombre de yourtes et enfin dans le lointain de nombreux troupeaux de chevaux et de moutons, disséminés sur le sol verdoyant de la steppe; spectacle flatteur qui nous fit hâter le pas. C'était un aoul de Khalkas. A notre approche, deux hommes montèrent à cheval et vinrent à notre rencontre, ce qui indiquait de leur part une mission pacifique. Quand notre escorte les eut rejoints, une conversation animée s'engagea entre eux et Tchuck-a-boi, mon interprète, après quoi l'un retourna vers ses gens tandis que l'autre restait pour nous accompagner. Un moment plus tard, nous vîmes trois autres Khalkas venant au-devant de nous; ils avaient l'ordre de nous guider vers l'aoul. A notre arrivée, un homme prit les rênes de mon cheval et m'offrit la main pour m'aider à descendre, puis il me conduisit à son habitation où se trouvaient deux femmes et quatre enfants.

C'était Arabdan, le chef de l'*aoul*, qui se disposait à exercer l'hospitalité en ma faveur en me présentant une tasse de thé puisée dans une large bouilloire en fer. Le thé était mélangé avec du lait, du beurre, du sel et de la farine, ce qui lui donnait l'apparence d'une soupe épaisse mais non désagréable. Les Cosaques et les Kalmoucks furent admis à partager ce breuvage. Pendant que j'en buvais ma part, je pus examiner notre hôte. C'était un homme grand et mince, âgé de cinquante ou soixante ans, d'une complexion brune, les os des joues saillants, les yeux noirs, le nez proéminent et la barbe chétive. Il était vêtu d'un long kalat de soie d'un bleu tirant sur le noir, boutonné sur la poitrine. Autour de sa taille, était attachée, à l'aide d'une boucle d'argent, une ceinture à laquelle pendaient un couteau, un caillou et un morceau d'acier destiné à servir de briquet. Son chapeau avait la forme d'un casque; il était de soie noire, orné de velours noir et pourvu de deux larges rubans rouges pendant sur le dos de leur propriétaire. Une paire de bottes à hauts talons, de couleur garance, complétaient le costume du chef. L'une des femmes portait un kalat de soie rouge et verte, l'autre une robe de velours noir; toutes les deux avaient aussi autour de la taille une large ceinture rouge. Leurs chapeaux étaient semblables. Elles avaient les cheveux tressés et flottant sur les épaules en une multitude de petites tresses dont quelques-unes étaient ornées de grains de corail; bijoux très-appréciés par les beautés mongoles. Elles portaient des bottines très-courtes, à très-hauts talons et en cuir rouge qui les empêchaient de marcher à l'aise et avec agrément. Quant aux enfants, ils n'étaient point surchargés d'habits, mais pour suppléer à ceux-ci, ils avaient été se rouler sur le bord d'une mare fangeuse qui les avait enduits d'une couche d'ocre rougeâtre contrastant avec leur chevelure d'un noir de jais.

Les *yourtes* de ces populations sont construites comme celles des Kirghis et couvertes de feutre. Mais les arrangements intérieurs diffèrent. Du côté opposé à l'entrée est placée une petite table basse sur laquelle reposent des idoles de cuivre et plusieurs petits vases en métal. Dans quelques-uns sont des grains de millet; en d'autres du lait, du beurre et du koumis ou lait de jument fermenté. Le côté gauche de la table-autel est occupé par des boîtes qui contiennent des valeurs; près d'elles sont déposés l'outre au *koumis* et d'autres ustensiles domestiques. Du côté opposé se trouvent plusieurs piles de *voilock* ou tapis de feutre sur lesquels repose la famille.

Un mouton avait été tué aussitôt après notre arrivée; il était déjà en train de bouillir dans la chaudière de fer de la yourte voisine. Ce plat paraissait être l'objet de l'attraction générale parmi le personnel de l'aoul. Il était évident que tout le monde était absorbé dans les préparatifs de la fête. On invita les Cosaques à faire rôtir une partie du mouton à mon intention, en les engageant aussi à en conserver une portion pour notre déjeuner du lendemain. Le souper n'eut pas lieu dans la *yourte* du chef; mais hommes, femmes et enfants se réunirent dans une demeure adjacente afin de manger le mouton gras. Tchuck-a-boi, le chef de mon escorte, avait expliqué à notre hôte où je voulais aller, et l'avait prié de nous fournir des chevaux frais. Le vieillard y consentit, promettant que deux hommes et les chevaux seraient prêts à l'aube et nous transporteraient à l'*aoul* le plus voisin dans la direction que nous suivions.

Dangers de la steppe.

Ainsi de horde en horde, évitant avec soin les postes chinois, échelonnés entre elles, je parcourus le revers occidental du Tchangan-Dalaï, qui forme de ce côté l'escarpe du Gobi, et j'explorai successivement les bassins de l'Oubsa-Noor et de l'Ike-Aral-Noor (lacs), plus grands qu'aucun de ceux que vont admirer annuellement les touristes européens. En remontant le cours du Djabakan, fleuve considérable qui se déverse dans l'Aral-Noor, je touchai presque aux sources de la Sélinga, qui naît dans la même chaîne de montagnes que lui, mais sur le versant opposé.

Dans tout ce trajet, facilité par l'hospitalité des chefs khalkas, je ne fis de rencontres désagréables que celles des innombrables serpents et des myriades de tarentules qui forment le tapis vivant de certains espaces rocheux de la steppe; je n'eus de luttes sanglantes à soutenir qu'avec les bandes de loups, entretenus et multipliés dans les couverts de roseaux qui bordent les lacs et les cours d'eau de ces régions, par la présence des nombreux troupeaux des nomades; et enfin, je n'encourus de vrais dangers que de la part des tempêtes de sable qui bouleversent parfois la surface du désert.

C'était sur les rives méridionales de l'Aral-Noor.

Le sable était là, soulevé en terrasses circulaires; quelques-unes avaient quinze à vingt pieds de haut; il y en avait de toute grandeur, à perte de vue. Vues du sommet de l'une des plus considérables, elles présentaient l'apparence singulière d'une immense nécropole, semée d'innombrables *tumuli*. De là aussi je pus jeter un coup d'œil sur le lac dans la direction du nord; on apercevait à une grande distance trois îlots presque à fleur d'eau. L'extrémité nord du lac était invisible, car la rive est très-plate; une partie de son contour apparaissait à l'ouest, puis s'évanouissait en une ligne imperceptible dans le lointain.

Pendant que j'esquissais ce tableau, je fus témoin de la formation d'un ouragan au-dessus des eaux. Il venait du nord droit à nous. Les Cosaques et Tchuck-a-boi allèrent mettre les chevaux à l'abri derrière les roseaux. La tempête arrivait avec une rapidité furieuse, lançant d'énormes vagues dans l'espace et abattant la végétation sur son passage. On voyait un long sillon blanc s'avancer sur le lac. Quand il fut à une demi-verste, nous l'entendîmes rugir. Il était temps de m'éloigner: je pris mes esquisses, puis je courus rejoindre le gros de la troupe sous les roseaux. J'arrivais à peine à l'entrée de ce rempart mouvant, que l'ouragan éclata, courbant jusqu'à terre les buissons et les roseaux. Lorsqu'il entra dans les sables de la steppe, il se mit à tourbillonner circulairement, enlevant des monticules dans l'espace, en élevant d'autres là où il n'y en avait pas; —il était aisé de comprendre alors à quoi étaient dues nos prétendues tombelles. — Cette tempête fut de courte durée; en un quart d'heure elle était finie et tout était redevenu calme comme auparavant.

Rien n'est plus dangereux que d'être surpris en plaine par cette espèce de typhon. J'en ai vu plus tard descendre des montagnes ou s'élever du fond d'une gorge profonde, sous la forme d'une masse noire, compacte, d'un diamètre de mille mètres et plus, qui s'élance sur la steppe avec la rapidité d'un cheval de course. Tous les animaux, domestiques ou sauvages, fuient épouvantés devant cette trombe; car une fois enveloppés dans sa sphère d'action, ils sont infailliblement perdus. Du reste

Le désert de Sarkha, portion du Gobi.

je n'ai vu aucun de ces effrayants météores durer plus de quelques minutes.

Sur le sol que je traversai les jours suivants devait, selon nos cartes, s'élever le grand Altaï. A sa place je ne trouvai qu'une steppe fatigante et sablonneuse, section du désert de Sarkha, qui fait lui-même partie de la terre de Gobi. La végétation était si chétive, que l'herbe des steppes elle-même avait disparu. La salsola croissait en larges bandes autour de petits lacs salés; sa couleur varie depuis l'orangé jusqu'au cramoisi foncé. Ces lacs ont la plus singulière physionomie, vus à distance. L'éclat du sel cristallisé, qui réfléchit souvent la couleur cramoisie des fleurs d'alentour, donne à ces tristes bassins, au coucher ou au lever du soleil, l'aspect de diamants et de rubis enchâssés dans une monture somptueuse.

Un silence solennel règne sur ces vastes plaines arides, également désertées par l'homme, par les quadrupèdes et les oiseaux. On parle de la solitude des forêts : j'ai souvent chevauché sous leurs voûtes sombres pendant des journées entières ; mais on y entendait les soupirs de la bise, le frôlement des feuilles, le craquement des branches; quelquefois même la chute de l'un des géants de la forêt, croulant de vétusté, éveillait au loin les échos, chassait de leurs repaires les hôtes effrayés des bois et arrachait des cris d'alarme aux oiseaux épouvantés.

Ce n'était pas la solitude : les feuilles et les arbres ont un langage que l'homme reconnaît de loin; mais dans ces déserts desséchés nul son ne s'élève pour rompre le silence de mort qui plane perpétuellement sur le sol calciné.

Un sultan Kirghis, son palais, ses festins.

Il me fallut plusieurs jours de marche pénible pour atteindre au sud de ces déserts de nouveaux pâturages et de nouveaux aouls. Mais là cessaient les terres de parcours des tribus Khalkas; et le premier chef qui eut à me donner la bienvenue sur le seuil de sa demeure fut le sultan Kirghis Baspasihan, homme de renommée fort étendue, mais non moins suspecte, sur les frontières des deux races.

Homme de haute taille, au visage vermeil, vêtu d'un kalat de velours noir bordé de zibeline, il portait un châle cramoisi en guide de ceinture ; un bonnet rouge de forme conique et garni de peau de renard lui couvrait la tête; la plume de hibou dont il était surmonté témoignait de sa prétention à descendre de Tchenghiz-Khan ; il avait fait étendre sur le sol un tapis de Bokhara, sur lequel il me fit asseoir, après quoi il s'assit lui-même en face de moi. Je l'invitai à se mettre à mon côté, ce qu'il accepta avec une satisfaction évidente. Au bout de

Un chef Kirghis sur son siége d'apparat.

quelques minutes, deux jeunes garçons entrèrent, apportant du thé et des fruits. Ils étaient vêtus de kalats de soie rayée, coiffés de bonnets de peau de renards et ceints de châles verts. C'étaient les fils du sultan. La sultane était absente, ayant été faire une visite à l'aoul d'un autre chef, éloigné de deux journées.

La yourte était très-vaste : d'un côté, des rideaux de soie servaient à isoler un coin servant de chambre à coucher, mais où il n'y avait pas de lit. Près de là un « bearcoote » ou puissant aigle noir était enchaîné sur un perchoir, en compagnie d'un faucon.

J'ai remarqué que toutes les personnes qui entraient dans la yourte se tenaient à une distance respectueuse du monarque emplumé. De l'autre côté étaient deux chevaux et deux agneaux enfermés dans une sorte de parc étroit. Il y avait derrière moi une pile de boîtes et de tapis de Bokhara, puis une grande outre à koumis soigneusement protégée par un *voilock*. Entre moi et la porte étaient assis huit ou dix Kirghis analysant chacun de mes actes avec une attention profonde; en dehors de la porte, on distinguait un groupe de femmes dont les petits yeux noirs étaient ardemment fixés sur l'étranger. La conversation s'était engagée entre le sultan, un Cosaque et Tchuck-a-boi. Aux regards scrutateurs du sultan, je m'aperçus aussitôt que j'en étais l'objet. Ma jaquette de chasse, mes bottes longues et mon chapeau de feutre étaient dignes d'intérêt; mais mon ceinturon et mes pistolets exerçaient surtout une vive attraction.

Le sultan désirait les examiner. Après avoir préalablement ôté les capsules, je lui en tendis un; il le retourna dans tous les sens, regarda dans les canons. Cela ne le satisfit point; il voulut les voir décharger, offrant un chevreau pour cible, et s'imaginant probablement qu'une arme si courte ne produirait aucun effet. Je refusai son chevreau, mais perçai successivement d'une balle, à quinze pas, d'abord une feuille de mon album, puis une petite coupe d'origine chinoise que j'avais fait placer au bout d'un bâton.

Les gens au milieu desquels nous nous trouvions inspiraient une terreur profonde à toutes les tribus environnantes. C'étaient des outlaws en pleine révolte contre l'autorité de la Chine, qui vivaient de déprédations, et il était bon de leur inspirer un certain respect de mes armes et de mon adresse à les utiliser. Ils parurent satisfaits de l'épreuve.

En jetant les yeux autour de moi, je vis qu'une bande de gaillards audacieux surveillaient mes mouvements; je vis aussi qu'un mouton gras avait été tué, et que l'heure du repas allait venir.

Deux cuisiniers aux bras musculeux écumaient

la chaudière bouillante ; d'autres préparatifs étaient en train ; tout alentour des groupes d'hommes, de femmes et d'enfants étaient assis en attendant la curée. Comme un banquet kirghis est un événement peu ordinaire pour un Européen, je vais essayer de décrire celui que m'offrit le sultan Baspasihan. Les convives étaient beaucoup trop nombreux pour qu'il pût avoir lieu dans la yourte du sultan. Un tapis de Bokhara fut étendu à l'entrée. Baspasihan m'y fit asseoir et prit place auprès de moi. On laissa un espace vide auprès du sultan ; les invités s'assirent en cercle autour de cet espace, les plus âgés ou les plus considérables de la tribu près du maître, au nombre de plus de cinquante, hommes, femmes et enfants. Les garçons se tenaient derrière les hommes ; les femmes et les jeunes filles occupaient la dernière place ; je ne compte pas les chiens qui, placés à quelque distance, avaient l'air de s'intéresser à la fête autant que les bimanes.

Quand tout le monde fut prêt, deux hommes entrèrent dans l'intérieur du cercle, portant un vase de fer fumant ayant l'apparence d'une cafetière. L'un s'approcha du sultan, l'autre de ma personne. Ils nous versèrent de l'eau chaude sur les mains ; mais ici tout convive doit être pourvu de sa serviette. La même cérémonie se répéta pour chaque homme, depuis le sultan jusqu'au pasteur de ses troupeaux. On laissa les femmes et les jeunes filles s'acquitter elles-mêmes de cette besogne. Les ablutions terminées, les cuisiniers apportèrent des vases exhalant une fumée épaisse. C'étaient de longues auges de bois semblables à celles dont se servent les bouchers de Londres et dans lesquelles des quartiers de mouton bouilli étaient empilés les uns sur les autres. L'un des vases, placé entre moi et le sultan, était plein de mouton et de riz cuits ensemble.

Chacun tira son couteau de sa gaîne ; il ne pouvait être question de couverts. Mon hôte saisit un magnifique morceau de mouton dans le tas, me le mit dans la main, et recommença la même opération pour lui-même. C'était le signal attendu. A l'instant, toutes les mains plongèrent dans les auges. Les Kirghis placés au premier rang choisissaient ce qu'ils préféraient, et après en avoir mangé une partie, chacun tendait le morceau au convive qu'il avait derrière lui ; quand celui-ci en avait enlevé une bouchée ou deux, il tendait le surplus à un troisième ; puis venait le tour des jeunes gens. Après avoir passé par toutes ces mains et par toutes ces bouches, les os arrivaient aux femmes et aux jeunes filles à peu près dépouillés. Finalement, lorsque ces pauvres créatures les avaient rongés de manière à n'y plus rien laisser, elles les jetaient aux chiens. Pendant le cours du dîner, je remarquai trois enfants nus, rampant derrière le sultan, dont l'attention était concentrée sur ses hôtes. Leurs petits yeux suivaient ses mouvements avec anxiété; quand ils furent à une portée convenable, leurs mains saisirent une pièce de mouton dans l'auge; ils se retirèrent de la même manière furtive derrière un morceau de voilock, où ils dévorèrent leur butin. Je les vis recommencer deux à trois fois ce manége; leur habileté m'amusait beaucoup. Plus loin que les femmes, un enfant de quatre ans était assis, tenant à la main l'os d'un gigot de mouton dont il s'escrimait fort habilement contre les nez d'une multitude de chiens affamés qui l'entouraient en aboyant.

En quelques instants, le mouton eut disparu; d'énormes vases pleins du liquide dans lequel il avait bouilli commencèrent à circuler de main en main; les Kirghis avalaient ce bouillon avec délices. Enfin, le dîner fini, deux hommes apportèrent des aiguières et nous versèrent de l'eau chaude sur les mains, après quoi chacun se leva pour aller vaquer à ses occupations.

Une chasse de grand seigneur sur la steppe.

Le sultan apprenant que je voulais partir le lendemain, proposa de m'escorter jusqu'à un autre aoul, éloigné du sien d'une journée environ. Nous aurions, chemin faisant, une chasse au *bearcoote*, et nous pourrions juger de la manière de chasser parmi les Kirghis, attendu que le gibier abondait sur notre route. Je ne pouvais faire mieux que d'accepter cette offre.

L'aube nous trouva debout et préparant le départ. Après le repas du matin, on amena des chevaux pour le sultan et pour moi. J'avais en partage un de ses meilleurs chevaux, animal superbe à la robe gris-noir; il rongeait mon mors anglais, qui ne lui semblait pas d'un goût fort délicat. Chacun de mes gens était également monté sur un cheval appartenant au sultan; les nôtres avaient été envoyés en avant à l'aoul où nous nous rendions, sous la conduite de trois de mes Kalmoucks. Une fois en selle, j'eus le loisir d'examiner notre escorte. Le sultan et ses fils montaient de magnifiques animaux. L'aîné tenait le faucon qu'on devait lancer sur le petit gibier. Un Kirghis à cheval s'était chargé de l'aigle noir, enchaîné sur un socle fixé à sa selle. Le bearcoote était fort tranquille sous ses chaînes et son chaperon; deux hommes d'ailleurs avaient reçu l'ordre de le surveiller. Près du sultan étaient ses trois chasseurs ou gardes, armés de carabines, et autour de nous une bande d'environ vingt Kirghis enveloppés dans leurs kalats de couleur voyante : plus de moitié étaient armés de haches de combat, la francisque des anciens jours. Ainsi réunis, nous formions un groupe d'une physionomie étrange, que beaucoup de bourgeois de Londres ou de Paris auraient sans doute préféré regarder de trop loin que d'examiner de trop près.

Une course de trois heures nous amena sur les bords d'un cours d'eau stagnante hérissé de roseaux et de buissons, où le sultan espérait que nous trouverions du gibier.

En effet, plusieurs cerfs de haute taille en débuchèrent bientôt, à peu près à trois cents mètres de nous. A l'instant, le bearcoote fut déchaperonné et débarrassé de ses liens ; il s'élança de son socle et prit son essor dans l'espace, s'élevant et volant circulairement au-dessus de nous. Pendant une minute, il parut immobile à une hauteur considérable, ensuite il battit deux ou trois fois des ailes, puis fondit en ligne droite sur sa proie. Je ne pouvais distinguer le mouvement de ses ailes, mais il avançait avec une vitesse effrayante. Il y eut un cri d'allégresse ; les gardiens de l'aigle partirent au grand galop, suivis de beaucoup d'autres. Je fis tourner la tête de mon cheval et le touchai de ma cravache. En quelques minutes, je marchai de front avec l'avant-garde, côte à côte avec l'un des gardiens de l'aigle. Nous étions à deux cents mètres du bearcoote quand il frappa sa proie. Le cerf fit un bond en avant et tomba. L'aigle lui avait enfoncé une serre dans le cou, l'autre dans le flanc, que fouillait son bec, pour en arracher le foie. Le Kirghis s'élança de son cheval, jeta le chaperon sur la tête de l'aigle, des liens autour de ses jambes, et lui fit lâcher prise sans difficulté. Le gardien remonta en selle, son assistant replaça l'oiseau sur son socle : il était prêt à fournir une nouvelle course. Quand on chasse avec l'aigle, on ne prend pas de chiens, car il les tuerait certainement. Les Kirghis assurent que leur aigle est de force à attaquer un loup et à le tuer. Ils chassent le renard de cette manière et en prennent beaucoup, ainsi que des chèvres sauvages et autres animaux de moindre taille.

A quelque distance de là, on aperçut une troupe de petites antilopes pâturant dans la plaine. L'aigle s'éleva derechef en tournant au-dessus de nos têtes comme auparavant; de même aussi il fondit comme le destin sur sa victime désignée : l'animal était mort avant que nous fussions arrivés jusqu'à lui. Le bearcoote ne part jamais en vain; à moins que l'animal ne gagne un trou de rocher, comme il arrive parfois aux renards, la mort est son partage certain.

J'ai vu plus tard dans les monts Alataus ces terribles accipitres, à l'état de liberté, emporter dans leurs serres puissantes de jeunes argalis, ou suivre, avec la rapidité de la foudre, dans leur chute fatale des argalis adultes qu'ils avaient précipités de quelque haute paroi.

Un camp de bandits. — Départ précipité. — Coucher du soleil au désert. — Pluie de bolides. — Les bandits en défaut.

Le passage d'une riche végétation à la nudité du désert, de la scène si pleine de vie que nous avions quittée le matin à la solitude complète de la steppe, prête à des réflexions mélancoliques. Dans ces contrées, en effet, il n'y a que bien peu de liens communs entre les hommes; les Kirghis vivent séparés de l'univers, et tout entiers absorbés par les soins de leurs troupeaux; la plupart vieillissent et meurent sans avoir vu la face d'un homme étranger à leur tribu.

Le soir de ce même jour nous avons été témoins d'un bel effet de mirage. Un lac d'une étendue immense apparut sur la steppe, flanqué d'une ville considérable sur sa rive. De grands arbres et de vastes forêts étaient reproduits avec tant de fidélité, qu'il était vraiment difficile de ne voir là qu'une illusion. Les heures succédèrent aux heures; le tableau reculait devant nous, se transformant à chaque instant, jusqu'à ce ce qu'enfin il s'évanouit. Deux des Cosaques et un Kalmouck qui n'avaient jamais été témoins d'un phénomène de ce genre, ne pouvaient croire que ces eaux, cette verdure, ces monuments ne fussent que du sable aride.

Dans l'après-midi du lendemain, la plaine changea de couleur dans le lointain, ce qui indique toujours l'approche d'un pâturage. Une heure après nous étions en présence d'une troupe de chameaux et d'une grande quantité de chevaux. A une verste des troupeaux, on découvrit plusieurs hommes marchant à notre rencontre, tandis qu'un autre se mit à galoper en sens opposé. On nous avait aperçus et on allait annoncer au chef du clan l'arrivée d'étrangers armés.

Bientôt quatre Kirghis nous abordèrent; après l'échange de l'*aman*, ils nous adressèrent une série de questions, désirant savoir qui nous étions et où nous allions. Il eût été fort difficile à chacun de nous d'expliquer qui nous étions; mais il fut répondu à leur dernière question qu'on désirait aller à l'aoul de leur chef. Ils tournèrent bride aussitôt, et nous accompagnèrent en prenant la route du sud. Entre notre escorte et eux s'établit ensuite une courte conversation à l'issue de laquelle deux d'entre eux partirent à toute vitesse, tandis que nous les suivions au pas. Deux verstes plus loin, j'aperçus l'aoul, d'où plusieurs hommes accouraient à notre rencontre; nos chevaux ayant alors pris le trot, nous les rejoignîmes en peu de temps. Ils descendirent et nous saluèrent, puis deux d'entre eux vinrent à moi, et se plaçant de chaque côté de mon cheval, se mirent en devoir de m'escorter. Le campement, que nous atteignîmes en peu d'instants, était fort étendu, et plusieurs de ses yourtes se faisaient remarquer par leur porte ornée de lances. Mes guides me conduisirent à l'une de ces demeures devant laquelle se tenait un homme de haute taille, vêtu d'un kalat de velours noir, portant un bonnet cramoisi garni de fourrures et la taille ceinte d'une écharpe de même couleur cramoisie. Il fit quelques pas en avant, prit les rênes de mon cheval, et me présenta la main pour descendre de la manière accoutumée. Quand je fus à terre, il me toucha la poitrine de sa main droite et de sa main gauche, puis il m'introduisit dans sa demeure. Me voilà assis en face d'un grand chef de bandits, d'un certain Koubaldos, dont j'avais beaucoup entendu parler, car sa renommée s'était répandue au loin dans l'Asie centrale. Tant qu'il était resté debout, je l'avais cru de haute taille, mais une fois assis, je remarquai qu'il n'avait que la mienne, c'est-à-dire cinq pieds onze pouces (1 m. 80 cent.). Les talons de ses chaussures, hauts de deux pouces, m'avaient induit en erreur. Il me fit asseoir sur un tapis et se plaça vis-à-vis de moi; dix à douze de ses gens se placèrent derrière lui. Il était facile de voir que mon visage, ma physionomie et mon accoutrement étaient pour tous l'objet d'un examen profond ; ils m'intéressaient du reste au même degré. En ce moment, deux jeunes garçons apportèrent le thé dans la yourte ; une table basse fut posée devant moi; j'invitai mon hôte à s'asseoir à mon côté. Entre nous égalité parfaite ; pour les gens de Koubaldos nous étions deux sultans, car moi ausi j'étais le chef de ma troupe. Le thé fut servi dans de petits vases de Chine ; du sucre candi et des fruits confits furent également placés devant nous dans des plats de même origine que les vases. Mon hôte me choisit lui-même des fruits ; il était fort attentif à me servir, tout en se partageant lui-même avec libéralité : j'imitai son exemple.

Koubaldos s'enquit de ma visite, et demanda où j'allais. Je fis répondre par un Cosaque que j'allais à Tchin-si, et que je n'avais pu traverser la contrée sans offrir mes civilités à un chef aussi renommé que lui. Il s'informa si j'avais quelque chose à vendre, et on lui répondit que non. Il s'enquit alors si j'allais acheter quelque chose à Tchin-si. La réponse négative, — *jock!* — parut l'étonner beaucoup. Il désira connaître pourquoi nous avions tant de carabines et d'armes. On lui dit qu'elles servaient à notre défense personnelle et à nous procurer du gibier pour notre subsistance. Il exprima le désir d'acheter mes pistolets, mon fusil

Koubaldos, chef d'une horde de bandits Kirghis.

à deux coups et deux carabines. Le Cosaque laissa de nouveau échapper le mot —*jock!* — avec beaucoup de force. Sa demande de poudre et de balles n'obtint pas plus de succès. Le Cosaque se tourna de mon côté et me dit : « Si nous en agissions ainsi, il essayerait de nous tuer immédiatement. »

Si nos refus l'émurent, il n'en fit rien paraître et dans l'intervalle un mouton ayant été cuit et servi, Koubaldos se leva et me conduisit sur un tapis étendu en dehors de la yourte. Après les ablutions d'usage, les plats fumants furent placés devant nous. Les Cosaques avaient rôti pour moi une pièce de mouton, car les entrailles de l'animal ayant bouilli dans la chaudière sans qu'on les eût nettoyées, procédé ordinaire à la cuisine des Kirghis, j'avais aperçu des boules d'herbe à moitié digérées surnageant au-dessus du liquide bouillant, ainsi que dans les soupières et autres vaisseaux de service. Il y avait là à peu près cinquante individus groupés en face de leur chef; quelques-uns lançaient des regards désespérés sur un repas dont ils s'attendaient à ne pouvoir attraper aucune bribe. Derrière eux étaient assises vingt-cinq femmes, d'un aspect misérable, et parmi elles beaucoup d'enfants.

La plupart des hommes avaient leurs vêtements taillés dans une peau de cheval, dont la crinière leur battait au milieu du dos; ils portaient aussi des bonnets de peau écrue et garnie de son poil, ce qui leur donnait une physionomie fauve ou plutôt féroce, que rehaussait encore leur sauvage façon de manger. Nous ne courions pas le danger d'être molestés tant que nous serions leurs hôtes. Nos bêtes furent attachées près de la yourte, et chaque homme reçut l'ordre de veiller tout spécialement sur ses armes. Mes Cosaques placèrent leurs couvertures de peaux près de moi; après avoir mis mes armes en sûreté, je m'étendis sur la mienne, et quelques minutes plus tard j'étais endormi à quelques pas du chef de voleurs.

Il faut avoir le sommeil dur pour ne pas être debout à la pointe du jour dans un aoul de Kirghis; les cris des animaux suffiraient à réveiller le plus lourdement endormi des mortels. Quand je sortis pour prendre l'air je trouvai un des Cosaques qui m'attendait à l'écart. Il était levé depuis quelque temps et avait cru remarquer un manége suspect entre Koubaldos et ses gens; il les avait vus se parler l'un à l'autre, monter à cheval et partir dans différentes directions. Il était sorti immédiatement et avait remarqué le chef et quatre de ses hommes quittant le campement.

Reconnaissant, d'un commun accord, qu'il y avait quelque chose d'étrange dans la conduite du chef, qui s'en allait ainsi après nous avoir invités à rester, nous arrêtâmes nos plans et résolûmes de partir sur-le-champ, sans plus d'explication. En conséquence, quelques minutes après nous nous éloignâmes, grand train, dans la direction du sud-est.

Après plusieurs heures d'un trot allongé, j'envoyai un de mes Kirghis en éclaireur dans un petit aoul dépendant de celui que nous venions de quitter.

Mon émissaire eut la chance d'y découvrir une femme et deux jeunes garçons, ses fils, qui avaient été volés, plusieurs années auparavant, dans sa propre tribu. Il leur donna des nouvelles de leurs amis; la femme lui dit que Koubaldos avait envoyé un Kirghis chercher les hommes de l'aoul pendant la nuit et qu'ils étaient en expédition; mais elle ne savait pas où.

Ceci était significatif. Nous reprîmes le grand trot; deux heures plus tard, l'herbe disparut de la steppe et fit place à un désert de sable. Le soleil étant encore assez haut, on poussa en avant. Trois heures s'écoulèrent encore et il nous sembla entrevoir une ligne sombre traversant la steppe. C'étaient des buissons longeant une rivière. Les chevaux commençaient à dresser les oreilles; ils pressentaient le voisinage de l'eau; en effet, ils atteignirent la rivière avant que le soleil disparût. Son coucher fut magnifique. Des vapeurs rouges sillonnaient l'horizon; éparses à la fois dans l'espace et sur la steppe, elles jetaient un voile obscur sur la ligne qui séparait la terre du ciel. Des nuages d'or flottaient en masses floconneuses au-dessus de l'endroit où l'astre venait de disparaître, et montaient au loin vers le zénith. Ils avaient d'abord l'éclat d'une flamme brillante, presque trop éblouissante pour les yeux. Puis cette flamme d'un rouge ardent se nuança graduellement jusqu'au cramoisi le plus foncé. La partie supérieure du ciel, d'un bleu obscur, prit, au moyen de gradations nombreuses, une teinte verdâtre, puis elle passa au jaune pâle, dont les tons s'accentuaient davantage à mesure qu'ils se rapprochaient de la terre, jusqu'à ce qu'enfin elle devint orange, ombrée d'un rouge fauve au niveau de l'horizon, sur lequel tranchait la plaine de couleur pourpre sombre. C'était un spectacle plein de grandeur et de calme; mon escorte faisait l'effet d'un point au milieu du désert sans bornes.

Koubaldos une fois renseigné sur notre compte par les gardiens de ses troupeaux, pouvait nous atteindre vers minuit; aussi, avant la tombée du soir, nos carabines furent rechargées avec soin; les chevaux rassemblés et attachés, puis on plaça des sentinelles, on régla l'heure des factions, et bientôt, comptant sur la vigilance des hommes et des chiens de garde, tout le reste de notre petit camp ne tarda pas à s'endormir.

Plus tard, quand un Cosaque m'éveilla, je fus surpris que les heures se fussent écoulées si tranquillement. Les sentinelles n'avaient entendu aucun son, sinon le clapotement du ruisseau voisin, et les chiens n'avaient pas grondé une seule fois. La nuit était belle, les étoiles étincelaient dans un ciel sans nuage; un repos absolu planait sur ces vastes régions : on entendait jusqu'à nos pas sur le gazon épais; on n'apercevait rien à travers le clair-obscur qui régnait sur la steppe, quand soudain toute la plaine fut éclairée d'une pâle lumière azurée. J'en éprouvai un tressaillement momentané; mais en levant les yeux, je vis un énorme météore, d'une belle couleur bleue, traverser l'espace du sud au nord.

Après s'être mû pendant une trentaine de secondes, il s'enflamma, projetant une lumière éclatante, bientôt suivie d'un bruit pareil à celui du canon dans le lointain. Cette détonation éveilla quelques-uns de nos gens, qui se levèrent, croyant avoir entendu le feu de nos carabines. Ce phénomène m'intéressait beaucoup; d'autres météores apparurent; ils étaient petits, de la couleur d'une flamme brillante, courant avec une vitesse surprenante et laissant derrière eux, pour la plupart, une traînée d'étincelles blanches. Notre temps de garde s'était écoulé sans avoir été interrompu par les voleurs; d'autres hommes vinrent nous remplacer et je restai à contempler les météores. Vers deux heures et demie après minuit, ils devinrent très-nombreux et encore plus beaux. Quelques-uns étaient d'un cramoisi éclatant, d'autres de couleur pourpre ardente. Ils suivaient des directions variées, principalement celle du nord-ouest. Ils continuèrent de tomber pendant plus d'une heure ; je pus en compter cent huit dans cet espace de temps. J'en voyais souvent trois ou quatre simultanément. C'était le matin du 11 août, et je me rappelai que cette date de l'année était marquée par l'apparition périodique de ce phénomène.

J'avais oublié Koubaldos; la matinée qui suivit fut délicieuse, éclairée d'un soleil brillant et rafraîchie par une jolie brise, et nous nous remîmes en route en nous félicitant d'avoir passé la nuit sans avoir été attaqués.

Il en fut de même pendant toute la journée ; mais vers le soir, tandis que j'étais à esquisser une scène de lac et de rochers que j'avais devant moi, l'un de mes gens découvrit de la fumée à mi-chemin de ces mêmes rochers, de l'autre côté du lac ; ceci fixa l'attention de toute mon escorte.

Koubaldos et sa bande devaient être arrivés là, dans la persuasion que nous devions y passer. Nous prîmes la résolution de camper sur le bord du lac afin d'échapper aux regards qui devaient nous voir déboucher dans la vallée si nous allions plus loin.

Une étroite langue de terre et de rochers avançait dans les eaux du lac, large de quatre pas en quelques endroits et de vingt en d'autres parties. La surface en était çà et là garnie d'une épaisse couche de gazon; ailleurs, la roche rompue l'avait semée de blocs de pierre. Le passage le plus étroit de cet isthme était à quatre-vingts mètres du rivage et en avait au moins trente de long. On pouvait fusiller à coups sûrs quiconque s'y aventurerait, et les visiteurs que nous attendions ne s'étaient jamais trouvés en face d'un feu meurtrier. J'arrêtai mon plan pour la nuit après l'examen de cette presqu'île.

Durant la soirée, on avait vu plusieurs hommes nous observer de la montagne. Ils pouvaient voir aisément ce que nous faisions de nos chevaux qu'on ramena le soir, et qu'on attacha comme pour la nuit, entre nous et le lac. On chargea le feu de broussailles, dont la flamme brillante indiquait évidemment aux voleurs que nous nous disposions à nous endormir; mais lorsque l'obscurité fut assez épaisse, nous partîmes lentement pour notre nouveau campement. Arrivés à l'extrémité de la partie étroite de l'isthme, tout le monde descendit; deux Cosaques allèrent conduire et attacher les chevaux au fond de la presqu'île; ensuite on apporta les housses qui devaient nous servir de lits; elles furent étendues sur le sol à vingt-cinq pas de l'entrée du passage étroit. Un Cosaque et un Kirghis stationnaient à l'extrémité opposée du même passage, c'est-à-dire près de la rive du lac, afin d'attendre l'approche des voleurs. Ils avaient l'ordre de ramper le long des rochers et de nous rejoindre aussitôt qu'ils entendraient venir la bande. Notre position nous inspirant une sécurité parfaite, nous nous couchâmes. Le feu de notre premier campement lançait une clarté éblouissante. Comme j'étais placé sur le bord du lac, je restai quelques instants à voir les flammes miroiter dans l'eau, puis je m'endormis. Avant que la première garde fût relevée, les deux hommes de notre poste avancé vinrent nous annoncer que les brigands étaient arrivés à notre premier campement; ils avaient remis les broussailles sur le feu, et l'éclat des flammes avait permis à nos sentinelles d'apercevoir des hommes à cheval. J'ordonnai que trois hommes tireraient à la fois; cela nous donnerait trois volées, et mon fusil se chargerait de remplir les intervalles de chaque décharge. Ceci réglé, nous attendîmes patiemment l'approche de l'ennemi. En ce moment, nous entendîmes le pas des chevaux sur la rive du lac; mais l'obscurité était trop grande pour distinguer aucun objet. Les brigands marchaient lentement; ils s'arrêtèrent un instant à l'entrée de la langue de terre. Une partie d'entre eux s'engagea le long de la chaussée : on pouvait distinguer leurs pas et leurs voix ; ils atteignirent bientôt la passe étroite où ils ne pouvaient tenir plus de trois de front. Là, ils s'arrêtèrent et parurent se consulter. Pas un n'essaya de pénétrer au delà.

On pouvait alors saisir chacune de leurs paroles ; nous reconnûmes même la voix de Koubaldos. Après dix minutes environ d'hésitation, la bande retourna sur le bord du lac et s'éloigna au trot dans la direction du nord.

Les Kirghis de mon escorte m'expliquèrent le sens des paroles que Koubaldos avait proférées, alors qu'il n'était séparé de nous que par quelques mètres de rochers. Nous croyant bien loin de lui et furieux d'avoir manqué son coup, il nous traitait de lâches, et promettait à sa troupe de nous rattraper facilement, soit dans les marais, où il supposait que nous nous étions réfugiés sur la rive nord du lac, soit dans la steppe qu'il nous fallait traverser avant d'atteindre l'aoul le plus voisin.

Nous trompâmes les prévisions du digne chef de bandits, en suivant sa piste d'abord, puis en obliquant à l'est pendant qu'il nous cherchait au nord ; et le deuxième jour enfin, sans avoir vu luire un seul instant, sur l'horizon de la steppe, les francisques de ses coupe-jarrets, nous trouvâmes un sûr asile et un repos bien nécessaire sous les yourtes du sultan Sabeck.

Les patriarches de la steppe. — Barantas et vendettes. — Funérailles d'un sultan.

Mon hôte, par le nombre de ses serviteurs, de ses bergers et de ses richesses pastorales, me rappelait ces pasteurs *de peuples* et de troupeaux dont parlent la Bible et le vieil Homère. La sultane son épouse, et la princesse leur fille, assises en face de nous à l'heure de chaque repas, qu'elles surveillaient sans y prendre part, ajoutaient encore à cette ressemblance antique, que complétait un barde ou poëte de cour, chantant sur une sorte de mandoline pendant toute la durée du festin.

La sultane était loin d'être belle, mais elle était richement habillée d'un kalat de velours noir garni de broderies en soie ; une écharpe de crêpe de couleur cramoisie lui entourait la taille ; elle portait une coiffure de mousseline blanche. Sa fille était plus jolie, grâce sans doute à sa jeunesse : un kalat de soie jaune et cramoisie lui descendait jusqu'au genou, et le turban de soie blanche qui couvrait sa tête laissait échapper une profusion de longues boucles de cheveux noirs.

Dans toutes les tribus, c'est à ces dames, vieilles et jeunes, que revient la fonction de traire soir et matin les vaches, brebis et chèvres ; traire les juments est un office réservé aux guerriers. On sait que chez les Aryahs védiques le mot *fille*, dont l'ap-

Le sultan Sabeck et sa fille.

plication parmi nous monte si haut et descend si bas, signifiait *celle qui trait les troupeaux*. Parmi tous ces nomades, la richesse consiste dans d'innombrables troupeaux de moutons, chèvres, vaches, chameaux et cavales, qu'ils comptent par dizaines et centaines de mille, et qui constituent la dot des filles à marier. De tout ce bétail, le cheval est le plus apprécié soit pour l'usage, soit pour la nourriture, et le Kirghis qui se détournerait avec dégoût d'une bonne tranche de bœuf, se réjouit à l'idée d'une grillade de cheval. Aussi le vol des troupeaux, et des chevaux surtout, est-il plus encore que les empiètements ou usurpations de pâturages, une des causes des guerres interminables qui troublent la tranquillité de la steppe.

Ces expéditions de pillage, qu'ils nomment *barantas*, sont ordinairement dirigées à l'heure la plus chaude du jour sur les troupeaux au pâturage, ou sur les aouls à la fin de la nuit, au moment où les bergers et les chiens de garde, fatigués d'une longue veille, commencent à se relâcher de leur surveillance habituelle. Le but des maraudeurs étant bien moins la lutte que le butin, ils bornent ordinairement leurs efforts à jeter la terreur parmi les troupeaux, surtout parmi les chevaux, et à les attirer hors de l'aoul; car, une fois les animaux dans la steppe, ils n'ont qu'à les pousser devant eux pour s'en emparer.

Il n'y a véritablement combat que lorsque les habitants de l'aoul, éveillés à temps, peuvent se jeter entre les voleurs et leurs troupeaux menacés. Alors ont lieu des luttes corps à corps et des scènes de sang dont le souvenir va grossir les légendes sauvages du désert. On m'a conté dans un aoul, qui peu avant mon passage avait eu à repousser une *baranta*, que l'un des assaillants, frappé à mort, étant venu tomber devant la yourte du chef, la femme de celui-ci avait reconnu dans ce malheureux un de ses fils, déserteur depuis peu du foyer paternel.

Les haines et les vendettes soulevées par des événements de ce genre, semblent faire trêve, sinon s'éteindre, lors de la mort des chefs de tribus, à l'enterrement desquels accourent de loin amis et ennemis. Cette impression m'est restée, du moins, des funérailles de Darma-Syrym, dont je fus témoin plus tard, non loin du Nor-Zaizan. C'était un vieillard grandement estimé par sa tribu autant que redouté de toutes les autres.

Dès qu'il eut expiré, des messagers furent dépêchés vers toutes les aires de l'horizon, pour annoncer le fatal événement. Montant des chevaux d'élite dont ils ne ménageaient ni l'ardeur ni les forces, à peine étaient-ils arrivés dans un aoul et avaient-ils fait connaître la triste nouvelle, que d'autres cavaliers partaient aussitôt de la même

Attaque nocturne d'un aoul kirghis.

manière pour la transmettre plus loin. Elle se répandit ainsi en quelques heures, dans une contrée mesurant cent lieues de diamètre.

Les sultans, les chefs, les anciens des tribus, montèrent alors immédiatement à cheval pour assister aux funérailles. Avant le soir un grand nombre étaient déjà arrivés. Une lance, surmontée d'un drapeau noir, se dressait au-dessus de la porte du défunt, et lui-même, revêtu de son plus beau costume, reposait au-dessous. A sa tête était placé le siége d'apparat, emblème de sa dignité; sa selle, les harnais de ses chevaux, ses armes, ses habits étaient empilés des deux côtés. Des rideaux en soie de Chine retombaient à grands plis du haut de la tente, et les épouses, les filles du trépassé, les femmes de la tribu, à genoux, la face tournée vers le cadavre, chantaient l'hymne des morts, en balançant le haut du corps d'avant en arrière et d'arrière en avant. C'était un spectacle solennel et pathétique. Les hommes, entrant par groupes, s'agenouillaient aussi et, se joignant au chœur funéraire, grossissaient la lugubre harmonie de toute la puissance de leur voix de basse. Point de cris, point de gémissements, point de cheveux arrachés, comme c'est l'habitude aux funérailles des peuples sauvages. C'était ce qu'on peut appeler ailleurs un service religieux en musique.

En même temps, une autre partie du cérémonial

requis se passait derrière la tente. Là, des hommes égorgeaient dix chevaux et cent moutons *pour la Fête des funérailles*, et le feu était attisé sous les grands chaudrons de fer sur lesquels se penchaient les opérateurs nus jusqu'à la ceinture, armés de grandes cuillers de bois, les bras et les mains couverts de sang.

Partout où la flamme des foyers se projetait à travers l'aoul, elle mettait en saillie quelques détails saisissants, apprêts fantastiques d'art culinaire et de mort. A côté des formes noires de ceux qui remuaient le contenu des chaudrons on voyait les bouchers le bras levé, ou les chevaux se cabrer en hennissant de douleur et retomber frappés du couteau mortel; par moments, tout redevenait obscur; on n'était plus éclairé que d'une lueur sourde; puis la fumée se dissipant au vent, les sacrificateurs apparaissaient de nouveau, semblables à des démons dans un rite infernal. Scène sauvage, dont l'horreur était encore accrue par les chants plaintifs qui sortaient de la demeure du sultan! Puis vint le banquet; mais comme il ne différait en rien que par le plus grand nombre des convives de ceux que j'ai décrits plus haut, je ne m'y arrêterai pas.

La fête dura sept jours. A chaque instant arrivaient de nouveaux sultans et de nouveaux guerriers nomades. Je porte à deux mille le nombre total des assistants. Le huitième jour, on enterra Darma-Syrym. Le cadavre fut dépouillé de son habit de cérémonie funéraire, drapé dans un nouveau vêtement et placé sur un chameau qui le porta jusqu'à la tombe. Le siége ou trône de sultan le suivait sur un autre chameau ; ensuite venaient ses deux chevaux favoris, puis ses épouses, ses filles, les femmes de la tribu, chantant l'hymne funèbre et qu'accompagnaient une foule de moullahs et de guerriers, dont la voix mâle retentissait au loin dans la plaine!

Arrivé au sépulcre, le corps y fut descendu ; les moullahs récitèrent leurs prières, entrecoupées du récit des grandes actions du mort ; on immola ensuite les deux chevaux, qu'on enterra aux deux côtés du maître ; puis la terre recouvrit le tout, et le convoi retourna à l'aoul où se préparait un nouveau banquet funéraire. Cent chevaux et mille moutons furent encore égorgés en l'honneur du défunt.

A leur retour de l'enterrement, les femmes, entrant dans la tente, continuèrent, pendant une heure, à chanter leur complainte funèbre en face des armes et des harnais du défunt. Toute la famille se réunit ensuite devant sa demeure, pour recevoir ce que nous nommerions, en Europe, *les compliments de condoléance* des sultans et des chefs venus pour rendre hommage à la mémoire du décédé. Ces cérémonies et festins se prolongèrent pendant plusieurs jours encore ; puis graduellement chacun regagna son aoul. Mais la tribu de Darma-Syrym, vouée au deuil pour longtemps, dut chanter l'hymne funéraire pendant une année, au lever et au coucher du soleil.

Les monts Alataus. — Les menhirs de la Kora.

Grâce aux guides que me donna le sultan Sabeck, je pus, sans encombre ou mésaventure, parcourir un long itinéraire le long de la pente nord des Syan-Shans ou monts Célestes (les Tian-Chans de nos cartes), à travers la steppe nue qui s'étend entre la masse gigantesque du Bogda Oola au sud et les monts Alataus au nord.

Pour regagner les établissements russes il me fallait traverser dans la plus grande largeur ce groupe de montagnes qui, presque à pic du côté du sud, ont leur pente septentrionale découpée par un réseau multiple de cours d'eau tributaires du grand lac Tenghiz ou Balkach. Je choisis, dans ce massif alpestre, une des passes suivies par les Kirghis dans leurs migrations d'automne. On ne peut la gravir ni en été, ni au printemps, et, en hiver, elle est tellement encombrée de neige, que ce serait folie de s'y hasarder. L'aoul le plus près de cet endroit se trouve à plusieurs centaines de verstes : aussi ses scènes sauvages et grandioses sont-elles

Vue de la rivière Kopal dans les monts Alataus.

24

presque toujours interdites à l'homme. Le tigre y

L'Alatau vu des steppes du sud.

vit en paix dans sa tanière, l'ours dans son repaire, et la bête fauve y erre dans les parties boisées, sans crainte du chasseur. Au moment où nous allions camper pour la nuit à l'entrée de la passe, les nuages épais qui avaient obscurci la montagne s'éclaircirent et me procurèrent une belle vue de l'Actou, dans la direction de l'Ili. Les pics neigeux ressemblaient à des rubis au coucher du soleil; tandis qu'au-dessus d'eux tout le ciel était empourpré, et que la nuit projetait ses ombres sur les dernières cimes. Devant moi était ma yourte, où les Kirghis faisaient cuire le mouton, tandis que chevaux et chameaux étaient couchés autour d'eux. Malgré ma fatigue, je ne pus résister au désir de reproduire sur le papier cette scène qui restera toujours gravée dans ma mémoire, aussi bien que le beau coucher de soleil de la steppe. Au sud de ce plateau s'élèvent, se dessinent les pics pittoresques et grandioses de l'Alatau; plusieurs d'entre eux sont couverts de neiges éternelles, tandis que le plateau, couvert d'une belle herbe, produit de bons pâturages pour les troupeaux des Kirghis qui, chaque année, y prennent leur quartier pour deux ou trois semaines.

Je trouvai là plusieurs tombeaux. L'un d'eux n'a pas moins de cent pieds de diamètre sur quarante de haut. Il est entouré d'une tranchée de douze pieds de large sur six de profondeur. Après avoir examiné cette grande masse, je conclus qu'elle avait pu être aussi bien un fort qu'un tombeau. A la

Le Tchimboulac ou les mille sources, dans les monts Alataus.

gauche de cette tranchée, se trouvent quatre immenses pierres de forme circulaire. Je suppose que c'étaient les autels sur lesquels on sacrifiait des victimes aux mânes des morts. Mais qui les a élevées? et comment ont-elles été déposées en ce lieu? Rien ne saurait l'établir. Les Kirghis y rattachent une tradition selon laquelle ces pierres sont le monument d'un peuple qui, pour un motif inconnu, résolut de se détruire, et voulut auparavant se préparer ce grand tombeau. « Chaque père de famille, ajoutent-ils, tua ses femmes et ses enfants, à l'exception de l'aîné, qui, à son tour, tua son père et se donna la mort. » Les Kirghis donnent à ce peuple le nom de *misérables suicidés.*

En quittant ce lieu lugubre, nous continuâmes notre route vers la rivière de Kopal ; trajet qui me fournit l'occasion de peupler de paysages étranges les pages de mon album. La gravure de la page 369 représente la rivière se précipitant dans une gorge profonde et roulant entre ses parois avec un rugissement infernal. La forme bizarre de ces rochers rend le site particulièrement attrayant. Je fis plusieurs efforts pour atteindre le pied de cette chute; mais c'était impossible à cause de la surface glissante du roc sur lequel il fallait marcher. Non loin de là, je découvris le Tchimboulac, ou *les mille sources*, torrent qui jaillit dans un ravin formé de marbre jaune et rouge d'une beauté extraordinaire.

Ayant franchi la ligne de faîte qui sépare le bassin du Kopal de celui de la Kora, j'atteignis sur les bords de cette rivière un point où la nature a ménagé entre le torrent et la montagne un espace d'environ deux cents mètres. A mesure que j'en approchais, je me demandais si je n'avais pas sous les yeux quelque ouvrage de Titan; devant moi se dressaient cinq énormes pierres, rangées dans un ordre qui n'avait rien d'accidentel, mais qui dénotait l'intervention d'une intelligente volonté. Une de ces pierres, assez grande pour servir de clocher à une église, a soixante-seize pieds de haut sur vingt-quatre de large et dix-neuf d'épaisseur; elle se dresse à soixante-treize pas du pied des falaises; son inclinaison hors de la perpendiculaire, dans la direction de la rivière, est de huit pieds environ. Les quatre autres blocs varient de quarante-cinq à cinquante pieds de hauteur; l'un mesure quinze pieds de côté, les autres un peu moins; deux sont exactement perpendiculaires; les deux autres s'écartent de la verticale, un surtout qui semble sur le point de perdre son équilibre.

Plus grande encore, une sixième pierre gît tout auprès à demi ensevelie dans le sol, et çà et là couverte d'arbustes verdoyants qui ont pris racine dans le roc. A deux cents mètres à l'ouest, trois autres blocs jonchent la terre; sous l'un d'eux s'ouvre une cavité que plus d'une famille de Kopal consi-

Les menhirs de la Kora

dérerait comme une demeure splendide. Non loin de ce dernier groupe, s'élève un monument, dû, sans conteste, à la main de l'homme, puisqu'il renferme, entre autres matériaux, une grande quantité de blocs de quartz; il est circulaire; son diamètre est de quarante-deux pieds, sa hauteur de vingt-huit; sa forme, celle d'un dôme. Autour de ce monument, à une distance de dix pieds, de nouveaux blocs de quartz sont rangés en cercle. Je fus grandement surpris de rencontrer dans cette vallée un pareil tumulus qui ne peut guère être le tombeau d'un chef de la race habitant actuellement cette région, et qui remonte sans doute, ainsi que les menhirs voisins, à cette haute antiquité où la branche de la race humaine qui devait donner à l'Europe les Celtes et les Kymris, ne s'était pas encore détachée du grand tronc Ariah.

Mes Kirghis ne s'approchèrent du tombeau qu'en tremblant et avec tous les signes d'une profonde vénération. Chacun d'eux y laissa un lambeau de son vêtement comme offrande à l'Esprit du mort. Ma curiosité n'en fut que plus vivement excitée jusqu'à ce que j'eusse obtenu le récit suivant d'un de nos guides, qui se croit un des descendants de Tchenghiz. Qu'on sache d'abord que Kora signifie *renfermé, mis sous clef.*

« .... La vallée de la Kora était jadis habitée par de puissants génies, continuellement en guerre avec d'autres génies de la même race qui avaient élu pour demeure différentes régions du Tarbagatai, du Barlouck et du Gobi. A la suite de leurs expéditions et de leurs pillages, ils trouvaient toujours une retraite assurée sur la Kora. Au sommet des rochers qui dominent le pays, veillaient des sentinelles. Elles annonçaient de loin l'approche des ennemis qu'on attirait dans les défilés des montagnes; là, c'en était fait d'eux; ils étaient écrasés par les rochers qu'on faisait rouler du sommet des monts. Enfin l'audace et la tyrannie des génies de la Kora devinrent telles qu'il se forma contre eux une vaste conspiration vengeresse à laquelle le démon lui-même fut prié de participer.

« Comme toujours, les sentinelles signalèrent, cette fois encore, l'arrivée de l'ennemi, et l'on prit des mesures pour l'attirer dans le défilé fatal. Deux autres grandes armées parurent soudain, marchant vers d'autres défilés, et il fallut que les génies assiégés missent en mouvement toutes leurs forces pour combattre ces innombrables assaillants. Les montagnes retentirent de tout le tumulte de la guerre et de tout le fracas des avalanches. La bataille fut terrible; les génies allaient triompher, lorsqu'un bruit épouvantable se fit entendre; les montagnes tremblèrent; un nuage de flamme et de fumée s'éleva jusqu'à moitié chemin du ciel; il s'en échappait de rouges éclairs et des éclats de tonnerre qui trouvaient leur écho dans les gorges, dans les vallées, le long des pics. Cette épouvantable nuée, c'était l'artillerie de l'enfer qui vomissait des roches enflammées et décimait les défenseurs de la Kora. A cette formidable tempête, les génies avaient reconnu le pouvoir du prince des ténèbres; terrifiés, ils reculèrent et s'enfuirent dans cette vallée où personne encore n'avait osé pénétrer. Cette fois les vainqueurs s'y précipitèrent, guidés par le prince de l'abîme, et du haut des montagnes, descendirent avec fracas de grands rochers qui ensevelirent les géants sous leurs débris.

« A la suite de cette lutte suprême, les génies de la Kora furent enchaînés pour des siècles et le récit de leurs aventures se conserva de père en fils.

« Plus tard, un chef sans peur résolut de visiter la sinistre vallée, et même de venir y demeurer, en dépit des remontrances de sa famille et de ses amis; suivi d'un grand nombre de ses compagnons, il traversa les montagnes, descendit sur la Kora et vint camper sur le sol fatal. On planta les tentes; on égorgea les animaux; on prépara le festin, au bruit des louanges données au courage de l'aventureux sultan qui avait osé conduire ses sujets dans la vallée enchantée. Mais au sein même des réjouissances, le fracas du tonnerre roula dans les vallées, multiplié par mille échos, et un génie, furieux, terrible, apparut, tenant une épée fulgurante. Tous les profanes furent glacés d'effroi : « Monstre, dit-il au sultan d'une voix formidable, tu as osé conduire tes esclaves dans ce lieu sacré : tu mourras! »

« Rapide comme l'éclair, l'épée du génie, coupant les énormes rochers, ensevelit les profanes sous de pesantes masses. Le petit nombre de ceux qui assistaient de loin à la sanglante tragédie s'enfuit pour en porter la nouvelle à la famille et à la tribu du sultan. Les femmes furent inconsolables et portèrent le deuil pendant de longues années. Enfin un esprit, appelé la *Dame blanche*, prit pitié de leur douleur, et, grâce à son intercession, la tribu put enfin élever un tombeau dans la fatale vallée, où jamais depuis un Kirghis n'a osé mener paître ses troupeaux. »

La caverne de Satan. — Faune de l'Alatau.

Le nom du génie du mal tient une grande place dans les légendes des Kirghis et dans leur vocabulaire géographique. Il n'est guère, dans les monts Alataus, d'abîmes insondables, de grottes inexplorées, qui ne soient considérés comme demeures de Satan. Une excursion que je fis dans la haute vallée du Bascan me fit découvrir un hémicycle gigantesque, ancien bassin d'un lac desséché à une époque très-moderne, comme le prouvent les débris organiques et les amas de coquillages d'eau douce qui en couvrent le fond et en revêtent les parois, et que le temps n'a pas encore fossilisés.

En avant du bassin s'élève un bloc triangulaire de granit, haut de cent trente-cinq mètres, et dont les trois faces sont percées d'une arcade de vingt-cinq mètres de large. Pendant que je dessinais cette masse énorme, le disque cramoisi du soleil levant apparut tout à coup sous la triple arcade, ajoutant ainsi un magique effet au sombre paysage qui m'entourait. Ce monument, auquel la nature a donné un caractère plus grandiose qu'effrayant, n'en est pas moins pour les Kirghis, l'œuvre de Satan. C'est Satan qui a desséché le lac dont les eaux emplissaient jadis le bassin. C'est lui qui a ouvert l'étroite et profonde fissure par où s'écoulèrent les eaux. Je la suivis en dépit de mon guide, curieux que j'étais de visiter un endroit dont nul Kirghis n'approche volontairement.

Sous nos pieds grondait le torrent invisible, et sur nos têtes les rocs projetaient à une énorme hauteur leurs parois inclinées, leurs sommets déchiquetés et branlants; quelques-uns d'eux s'avançant si loin sur le bord que leur stabilité semblait un problème insoluble.

Arrivé à un entassement d'énormes blocs appuyés sur la base des hauteurs, je me heurtai à d'autres masses rocheuses sur lesquelles il était impossible de grimper. Après nous être glissés entre leurs aspérités, nous entrâmes dans une ouverture formée dans l'éboulement et presque privée de toute lumière. Le guide cependant y pénétra; je suivis ses pas, et nos compagnons m'imitèrent. Ayant cheminé à travers cette fissure pendant environ cinquante yards, nous émergeâmes à la lumière du jour, sur un petit rebord dominant le torrent. En face, une paroi perpendiculaire, s'élevait à plus de dix-huit cents pieds. Quelques buissons croissaient dans les crevasses près de la passe, des plantes grimpantes festonnaient les bords supérieurs, et dans cette masse cyclopéenne bâillait la bouche de la caverne qui absorbait la rivière. Nous nous tînmes silencieux et frappés de surprise en contemplant le torrent qui grondait dans cet effrayant abîme avec un tel retentissement, que je cessai de m'étonner de la croyance qui en fait la demeure du prince des ténèbres.

La bouche de la caverne est formée par une arche d'au moins cinquante pieds de large et soixante-dix de haut; la rivière y pénètre par un canal coupé dans le roc et ayant environ trente pieds de large sur dix de profondeur. Une saillie de rochers, de dix à douze pieds de large, forme une terrasse le long du torrent et à peu près au niveau de ses eaux. Après un moment donné à la surprise, je voulus explorer la cascade, et déposant à cet effet mon

Arche naturelle dans la vallée du Bascan.

sac de bagages et mon fusil contre les rochers, je m'avançai suivi de mes deux Cosaques, mais le guide, terrifié, s'arrêta.

En effet, à chaque pas en avant, grossissait le rugissement de la chute, et s'épaississait la froide vapeur qui monte du fond de l'abîme. Je pénétrai cependant dans ce brouillard glacé jusqu'à près de quatre-vingts mètres de l'entrée, et j'entrevis la rivière plongeant dans les ténèbres d'un vide incommensurable, tandis qu'une blanche vapeur la couronnait et donnait à tout l'ensemble de la scène une apparence surnaturelle.

Peu de personnes pourraient se tenir sur le bord du gouffre sans frissonner. Il était impossible d'y entendre un mot, et l'on ne pouvait contempler longtemps cette scène, trop forte pour les nerfs les mieux trempés.

Les monts Alataus, élevant leurs cîmes bien au delà de la zone des neiges éternelles, et plongeant leurs racines dans des plaines basses où il n'est pas rare de voir, en été, le thermomètre monter à cinquante degrés, ont une faune des plus variées. A leur base, le tigre, le vrai tigre, prélève de nombreuses contributions sur les troupeaux des nomades ; dans les anfractuosités de leurs hautes vallées, l'ours du nord épie ces mêmes troupeaux, lors de leurs migrations, et chasse, à leur défaut, l'argali et le cerf.

Dans mes courses à travers l'Asie centrale, j'ai croisé fréquemment la piste de l'un et de l'autre de ces grands carnassiers. Leurs rugissements ont souvent troublé le repos de mes haltes de nuit. Plus d'une fois j'ai vu les feux de mon bivac se refléchir dans leurs prunelles fixes et sanglantes. Enfin il arriva un jour qu'un de mes guides, assailli à l'improviste par un tigre, ne dut son salut qu'à l'abandon qu'il fit du cheval qu'il montait pour s'enfuir à toute bride sur son cheval de main.

Où sont aujourd'hui les frontières sud-ouest de la Sibérie.

Le fort Kopal[1] qui, à l'époque où y séjourna Atkinson (1847-1850), était le point le plus avancé de l'empire russe, ne l'était déjà plus lorsque ce voyageur rentra en Europe. Il a dû céder son rang au fort Vernoyé, établi à un degré plus au sud au delà du grand fleuve Ili, si longtemps regardé comme entièrement chinois. Là, à une distance deux fois plus rapprochée de Caboul et de Cachemire que des métropoles de la Sibérie, la Russie entretient les magasins, les dépôts, l'état-major d'une armée. Ses avant-postes entourent tout le massif de l'Alatau, encadrent le grand lac Issyk-Kool, gardent les débouchés des Monts-Célestes et du haut

1. Situé au confluent de la Kora et du Lepsou par 43° de latitude et 79° 40 de longitude orientale.

La caverne de Satan, — monts Alataus.

de la chaîne du Mustau épient et convoitent les plaines d'Yarkand et de Khashgard. Quant à l'armée elle-même, elle vient, à l'heure où j'écris, de s'emparer du Khanat de Khokand et de doubler ainsi, en un coup de main, la population de la Sibérie[1].

Déjà la plupart des tribus, portant le nom de Kirghiz, toute la petite, toute la moyenne et une partie de la grande horde, reconnaissent la suzeraineté du grand *tsar blanc*, et l'on peut regarder comme très-prochain le jour où cet exemple sera suivi par tout le reste de cette grande famille de nomades, qui, à deux reprises, ébranla le monde sous le galop de ses chevaux.

Il faut le dire bien haut, il n'y a pas, entre l'Altaï et les Monts-Célestes, entre le bassin de l'Yaxartes et celui de l'Amour, un clan, une tribu de renom où la Russie n'entretienne un agent officiel ou non, mais toujours écouté. Il n'y a pas de chef, descendant plus ou moins authentique de Tchenghis-Khan ou de Timour, qui ne soit prêt à troquer son allégeance nomade contre une médaille ou un sabre doré envoyé de Saint-Pétersbourg....

La frontière Sibérienne qui descend à ses extrémités de l'est et du couchant jusqu'à la latitude de Madrid, de Rome, remonte, dans la partie centrale,

1. Le Khanat de Khokand, dont les frontières méridionales touchent au plateau de Pamyr, nourrit, selon les derniers documents, *trois millions* d'habitants.

de dix à onze degrés vers le nord, au grand détriment de cette harmonie de la ligne géographique pour laquelle les successeurs de Pierre Ier ont toujours professé le goût le plus vif.

Le jour où ils auront redressé cette courbe anomale en faisant franchir à la ligne frontière de la Sibérie l'intervalle qui sépare les monts Sayans du Bogdo-Oola, et auront garni de piquets de Cosaques la grande route commerciale qui court des bords de la mer Caspienne à ceux du Baikal en unissant Khokand et Tachkend à Kouidja, à Oroumtsi, Tourfan, Tchinsi et enfin à Ourga, les légataires intelligents du testament de Pierre Ier seront bien prêts d'en réaliser les clauses menaçantes aux dépens de qui ils voudront. Ce jour-là, ils pourront, comme Attila et Tchenghis, réunir sous leurs drapeaux tous les contingents sauvages de la Transoxiane, du Turkestan et de la Mongolie; ils auront inféodé au service de leurs projets quels qu'ils soient, le devouement de *six à huit cent mille cavaliers*, sans freins, sans scrupules, fanatiques de sang et de pillage et tenant toujours tournés vers tous les points où brille la lumière ou le luxe de la civilisation, la francisque, qui, dans la main de leurs pères, renversa les portes de Rome et brisa le moule du vieux monde.

CHAPITRE X.

LES RUSSES EN SIBÉRIE.

La puissance du Knout. — Saleté et ignorance. — Un pieux meurtrier. — La hiérarchie du vol et de la concussion. — La déportation. — Les mines de Nertschinsk. — Les exilés Polonais. — Extraits des mémoires d'un Sibérien. — Un dernier témoignage.

Dans les pages où jusqu'ici nous avons traité de l'ethnographie sibérienne, nous ne nous sommes guère occupé que des indigènes, fils et anciens possesseurs du sol, en négligeant les nouveaux venus de race européenne, qui les en dépossèdent chaque jour.

Ce n'est pas oubli de notre part, mais justice. On ne franchit pas l'Oural, on ne parcourt pas une contrée qui, à elle seule, est un monde, berceau et tombeau de peuples qui ont eu un rôle dans la vie de l'humanité, pour n'y voir et n'y décrire que des Russes. Il y en a assez en Europe. Ceux que la volonté autocratique des Czars moscovites a disséminés en colons agricoles ou militaires dans la zone méridionale de la Sibérie, ou en repris de justice dans les lavages d'or de l'Oural et de l'Altaï, dans les pénitenciers des villes, diffèrent trop peu de leurs congénères d'Europe pour que nous insistions beaucoup sur la grossièreté primitive de leurs mœurs, sur l'ignorance, la paresse et l'ivrognerie qui se mêlent en eux à cette apathique patience de l'esclave que certains philanthropes décorent du nom de douceur et de bonté d'âme. Dans les métropoles Sibériennes, peuplées de descendants de déportés, oublieux de leur origine, de serfs déserteurs de leur glèbe seigneuriale, ou de boyards ruinés en Europe et qui sont venus chercher sur une terre neuve les moyens de refaire fortune, nous retrouverions, sous la tutelle des commissaires de police et des gouverneurs à tous les degrés, la vanité fastueuse, l'ostentation *libérale*, les mœurs faciles de Saint-Pétersbourg, et ce fard de civilisation raffinée, sous les couches épaisses et polies duquel on retrouve toujours le type féroce du Hun et du Kalmouck.

Pour peindre cette population, il n'est besoin que de simples esquisses; et afin de ne pas nous montrer trop sévère, nous les emprunterons à l'album d'une femme, qui avant de faire en Sibérie un séjour de sept ans, avait longtemps demeuré en Russie, — à cette dame Atkinson dont nous avons, si souvent déjà, cité le témoignage.

Le Knout et la malpropreté en Sibérie.

«.... Une habitude parmi les gens du peuple, est de pendre un fouet à la tête du lit conjugal. Je n'avais jamais compris ce que signifiait cet usage, avant mon arrivée à Barnaoul, quoique j'eusse remarqué ce fouet dans la demeure de tous les paysans. Une bonne d'enfant, qui avait quitté mon service pour se marier, alla quelque temps après chez le gouverneur de la ville porter une plainte contre son mari. Aux questions du fonctionnaire, elle répondit que son mari ne l'aimait pas. Il lui demanda à quoi elle s'en était aperçue : « A quoi? s'écria-t-elle, il ne m'a jamais battue ! » L'instrument suspendu à son lit n'avait jamais servi depuis le mariage. Ce couple mal assorti différait de goûts et d'idées : ce que l'un prenait pour de l'amour, l'autre le regardait comme un manque d'affection.

« On ne saurait trop le répéter, les châtiments corporels sont les seuls que comprennent les Russes, et c'est en raison directe des coups qu'ils en reçoivent qu'ils respectent, vénèrent même l'autorité. Le knout est le seul langage qu'ils comprennent. Le fouet est d'un usage général parmi les Russes, et il y a des maisons de fustigation pour les domestiques dans toutes les villes considérables de la Sibérie, comme il y en a pour les noirs, dans les États américains, confédérés au nom de la *sainte institution* de l'esclavage. Les paysans se soumettent à cette punition sans murmurer. Je n'ai jamais remarqué qu'un Russe asiatique ou européen ait jamais protesté contre les verges ou le fouet. Au contraire, il les regarde comme choses inhérentes à son existence. J'ai connu un domestique qui, étant venu se faire fouetter selon l'usage, fut repoussé par l'officier de garde sous prétexte qu'il n'avait pas reçu d'ordre à ce sujet. Mais il pria ce dernier de le fustiger, disant qu'il venait de fort loin pour cela, et qu'il était bien sûr d'être renvoyé s'il revenait à la maison sans avoir la peau endommagée. En résumé, pour le peuple Russe au delà, comme en deçà de l'Oural; il n'y a qu'un Dieu vivant — le Tzar, et qu'une loi — le knout.

« On ne peut se faire une idée de la malpropreté des Russes sibériens. Là même où le voyageur découvre quelques demeures un peu *confortables*, leurs habitants sont foncièrement sales. Aucun Russe ne se lave quand il voyage, sous prétexte que la saleté lui tient chaud. Cette antipathie pour le savon et l'eau a ici pour excuse, la rigueur de la température; en d'autres contrées je l'ai entendu préconiser comme un préservatif de la chaleur. C'est un fait curieux que les plus sales nations du monde sont celles qui ont eu les conflits les plus violents avec les Maho-

Un mariage en Sibérie.

métaus si scrupuleusement propres : ces contrastes étant probablement passés à l'état de préjugés religieux. Il est certain que si la malpropreté est une marque de foi profonde, les Russes sont sauvés. Le peuple dans les villes est beaucoup plus sale que dans les campagnes. Nous trouvions les paysans de plus en plus sordides et misérables à mesure que nous approchions des grandes villes, et partout les femmes l'emportent en ce point sur les hommes.

Un pieux assassin.

« La malpropreté n'est pas le seul fanatisme par lequel le paysan moscovite rivalise avec son camarade chrétien du midi de l'Europe. Dans sa religion sauvage, il s'occupe encore du salut d'âme d'autrui. Voici un fait qui le prouve d'une manière irrécusable et qui s'est passé sur la route même que nous suivions.

« Deux voyageurs, un père et son fils, s'arrêtèrent une nuit dans la maison d'un paysan ; il était tard et les habitants s'étaient retirés pour se coucher. Chez cette classe de gens, le dessus du poêle forme la couche d'autant de membres de la famille qu'il peut en contenir. Les voyageurs furent admis dans la seule chambre de la maison, et étant restés plusieurs heures sans manger, ils sortirent leurs provisions et commencèrent leur souper qui consistait principalement en viandes froides. Leur repas fini, ils s'étendirent sur un des bancs, et ne tardèrent pas à s'endormir. Ils étaient depuis peu de temps dans le pays des songes, lorsqu'un des hommes couchés sur le poêle se laissa doucement glisser à terre et saisit sa hache. (Chaque paysan est toujours muni d'un de ces instruments qui ne le quitte guère.) Il s'avança à pas de loup près des dormeurs et, saisissant l'arme à deux mains, il en frappa un coup si vigoureux sur la tête du pauvre père qu'il la lui fendit en deux. Il se retourna alors du côté du fils qui était plongé dans un profond sommeil, et le traita de la même manière. Cela fait, le farouche meurtrier revint se coucher et dormit jusqu'au matin; puis à son réveil, il alla déclarer aux autorités les plus voisines le double crime qu'il avait commis. Son but n'avait pas été de voler, disait-il à ceux qui lui demandaient le motif de cet horrible meurtre. Il raconta comment, tandis qu'il était couché, ayant écouté la conversation de ces deux hommes, il avait été amené par ce qu'il avait entendu à surveiller leurs actes, et les avait vus commettre le grave péché de manger de la viande en carême. Il déclara qu'ayant la conscience troublée à la vue de cet acte, il avait essayé mais en vain de se rendormir, qu'il avait senti que le salut de son âme dépendait de celui de ces pécheurs, et qu'il devait, même au prix de sa vie, les empêcher de commettre de nouvelles fautes; qu'il avait lutté contre la pensée du meurtre, mais qu'une voix intérieure l'avait impérieusement poussé à punir le scandale donné par ces impies.

« Parmi les Russes sibériens, le vol, répandu dans toutes les classes, n'est pas aussi méprisé que dans les pays civilisés. Ils ne prennent pas même, comme les Grecs, le soin de ne pas être surpris en flagrant délit. Le serviteur vole son maître; le maître vole son voisin; chacun trompe le tzar. On sait comment les impôts de fourrures arrivent à l'empereur. Ces fourrures « à leur point de départ » sont de la plus belle qualité, les paysans supposant que l'empereur les reçoit telles qu'on les lui donne, et demande le nom des tributaires. Mais avant d'arriver à leur destination ces pelleteries passent par les mains de nombreux intermédiaires, dont chacun troque celles qu'il a reçues contre d'autres de qualité inférieure, de sorte que lorsqu'elles parviennent dans les magasins impériaux, elles sont d'une valeur bien moindre que celles données par le pauvre tributaire qui rougirait de présenter un pareil cadeau à Sa Majesté.

« Ceux qui trompent l'empereur n'hésitent pas à voler le peuple. Un officier cosaque, à qui je me plaignais de cet état de choses, me confia que sa paye n'était pas proportionnée à ses besoins et ne suffisait pas même à l'achat d'un uniforme; « et

« encore, ajoutait-il, nous devons toujours être en « tenue irréprochable, avoir un cheval ; comment « faire? Il ne nous reste qu'à en voler un. » A ma connaissance, ce n'est pas seulement les chevaux qu'ils volent, mais tout ce qui se présente à eux. D'abord nous trouvâmes leur conduite méprisable; mais en les connaissant mieux, nous devînmes plus indulgents pour eux ; c'est le système qui les régit, qui est défectueux.

« Mais les soldats sont pires que leurs officiers. J'en avais deux à mon service, et chacun d'eux me volait. Il y a un seul rapport sous lequel ils sont honnêtes : c'est lorsqu'ils sont chargés des voyageurs et qu'ils ont la responsabilité de leur sécurité. Leur intégrité est alors aussi grande que celle de Jose Maria, le fameux bandit espagnol. Mais, tandis qu'ils gardent ceux qu'on leur a confiés, ils volent aux autres tout ce qui leur tombe sous la main. S'ils viennent à savoir que leur *recommandé* porte à quelqu'un des présents, ils considèrent ceux-ci comme appartenant à une troisième personne, et comme un butin légitime.

« Pendant notre séjour à Irkoutsk, un grand scandale, dont je ne puis ne pas parler, mit en émoi la société officielle de cette ville.

« ...... M. Atkinson avait été sur les bords du Hook, peindre une chute d'eau pour un individu qui en est propriétaire. C'est un chercheur d'or puissamment riche et dont la concession se trouve près de la Léna. Désirant créer de nouvelles exploitations, il mit le feu aux forêts environnantes, gaspillant ainsi une grande étendue de bois et détruisant ou chassant tous les animaux qui s'y trouvaient. Par cette dévastation, les Yakoutes du voisinage furent entièrement privés de leurs moyens d'existence, habitués qu'ils étaient à chasser dans ces forêts la zibeline et d'autres animaux. Les principaux chefs de la tribu demandèrent à Zanadvoroff, c'est le nom de cet homme, des dédommagements, puisqu'il les avait dépouillés de leurs ressources, mais il repoussa avec dédain la demande et les demandeurs. Après de nombreuses et vaines démarches, ces pauvres gens écrivirent au gouverneur général une lettre dans laquelle ils exposaient leurs griefs, mais la corruption, cette fée magique de l'administration russe, parvint à faire disparaître cette plainte en chemin.

« Après une longue et vaine attente, un vieillard, le chef de la tribu, résolut d'aller lui-même à à Irkoutsk implorer la justice du gouverneur général et franchit à pied toute la distance. Après plusieurs jours d'une marche pénible, il atteignit enfin la capitale de la Sibérie Orientale : il alla directement chez l'Ispranovick, ou chef de la police, mais ne put en obtenir aucune satisfaction. Un jour enfin, ayant rencontré un officier, le vieillard s'enhardit jusqu'à lui demander conseil et appui. L'officier mis au courant de l'affaire, lui permit de le suivre jusque chez le gouverneur général qui reçut la plainte. Le général fit venir l'Ispranovick et l'interrogea sur les motifs qui lui avaient fait ajourner cette affaire. L'employé confondu balbutia quelques mauvaises excuses, disant qu'il n'avait pas eu le temps de s'en occuper. Le général, outré de colère, lui demanda comment il se faisait que le temps lui eût manqué, lorsqu'une année s'était déjà écoulée. Il était évident pour chacun que la corruption avait passé par là. Des officiers furent immédiatement chargés de faire un rapport exact de toute cette affaire.

« Un matin que M. Atkinson était auprès de Zanadvoroff, le coupable, un gendarme survint qui, avec toutes les circonlocutions de la politesse la plus exquise, déclara à celui-ci qu'il était son prisonnier et l'emmena en demandant pardon à mon mari. Zanadvoroff interrogé réclama contre le traitement dont il était l'objet, alléguant qu'il avait donné deux mille roubles au général pour terminer l'affaire. Le bruit de cette accusation revint aux oreilles de ce dernier. Il dépêcha partout des Cosaques, assignant chez lui un jour et une heure à tous les employés d'Irkoutsk. Tous vinrent en grande tenue, mais ignorant dans quel but ils avaient été mandés. Lorsqu'ils furent réunis, le général, re-

Incendie de forêts.

vêtu de son uniforme et de toutes ses décorations, entra dans la salle où ils étaient, ainsi que Zanadvoroff et son gendarme. Saluant tout le monde, il prit un siége et demanda d'un ton d'autorité à Zanadvoroff s'il était vrai qu'il eût affirmé que lui (le général), avait reçu de sa main deux mille roubles. A la réponse affirmative et très-nette de l'inculpé, le général bondit de sa chaise en s'écriant qu'il lui fallait une rétractation. Mais au lieu de désavouer ses paroles, Zanadvoroff revint à la charge, assura hardiment qu'il avait donné l'argent, et en appela au témoignage du secrétaire particulier du général, afin qu'il affirmât qu'il avait reçu deux mille roubles pour le général et mille pour lui-même. Comme il ne se trouvait pas là, un Cosaque fut immédiatement envoyé pour le ramener. Lorsqu'il arriva, il nia avoir reçu de l'argent; mais Zanadvoroff confirma ses assertions.

« L'affaire a été remise; pendant ce temps, le général a envoyé un courrier à Pétersbourg avec un rapport détaillé. Il est probable que c'est là que se fera le procès, car il ne doit pas désirer qu'il ait lieu ici. Personne ne pense qu'il se soit laissé gagner; mais on est persuadé généralement que le secrétaire a empoché les trois mille roubles, laissant croire à Zanadvoroff que son chef avait reçu sa part. Cette histoire a été pendant longtemps le sujet constant de toutes les conversations, et de semblables choses apportent une distraction à la monotonie de la vie des exilés. Zanadvoroff a-t-il été puni? Je l'ignore et pourrais en douter d'après ce qui s'est passé à la même époque pour les mines de Nertchinsk.

Les mines de Nertchinsk.

« C'est seulement depuis 1850 que l'exploitation de l'or s'est largement développée dans ce gisement. Un officier ayant quitté son service dans l'Oural, proposa au ministre des finances de diriger le travail des mines dans les vallées qui s'étendent entre le Yablonoï et la Schilka. Il prit l'engagement d'extraire chaque année au moins 100 pouds d'or, si on voulait lui permettre d'organiser le travail comme il l'entendait. Une telle offre était trop séduisante pour être refusée; on donna les ordres nécessaires, et, afin de stimuler le zèle de l'officier, on le promut, avant son départ de Pétersbourg, au grade de colonel.

« Il arriva à Nertchinsk pendant l'automne, et employa tout l'hiver à l'exploration des vallées, car il voulait que le printemps de l'année suivante le trouvât prêt à exécuter ses vastes projets. Plusieurs vallées furent étudiées soigneusement, et l'on s'assura que la plus grande partie de celles qui bordent la Schilka, au pied des monts Yablonoïs, renferment de l'or en abondance. On découvrit aussi le précieux métal au delà du confluent de la Schilka et de l'Argoun, le long de l'Amour, et bientôt il devint évident qu'une riche région aurifère s'étendait très-loin vers l'est.

« Le colonel commença ses immenses travaux au printemps de 1851 ; il avait à sa disposition une troupe nombreuse de condamnés; il les envoya aux gisements escortés par des Cosaques; il les sépara en plusieurs bandes et l'exploitation commença dans les différentes vallées. Dès qu'une mine d'or est ouverte, la maladie ne tarde pas à décimer les travailleurs, et l'on prépare ordinairement à l'avance tout ce qui est nécessaire à leur traitement; des hôpitaux provisoires s'élèvent, un médecin reste attaché à l'exploitation pendant toute la durée du lavage. J'ai vu prendre partout ces précautions dans l'Oural, dans l'Altaï et sur l'Yenisei; en outre, des demeures convenables sont toujours mises à la disposition des mineurs.

« Mais cette fois, on n'avait fait aucun préparatif semblable; les travailleurs durent se construire des huttes de terre, couvertes d'herbes ou d'écorces; ces habitations étaient si misérables et si grossières, que beaucoup de malheureux aimèrent mieux coucher en plein air. A mesure que les travaux se développèrent, la maladie exerça parmi ces hommes de terribles ravages; un grand nombre furent retenus sur leur couche boueuse et humide. De plus, la nourriture était à la fois mauvaise et insuffisante; beaucoup de mineurs ne tardèrent pas à mourir, ils furent immédiatement remplacés par d'autres, envoyés promptement pour ne pas ralentir les opérations. On continuait à creuser et à laver, l'or s'accumulait, mais pas un des travailleurs ne pouvait prendre un moment de repos; c'était seulement quand le mal était assez grave pour lui ôter toutes ses forces qu'on lui permettait de se retirer dans son antre fumeux et malsain.

« Cependant, les cas de mort devinrent si nombreux qu'il fallut bien séparer les malades de leurs compagnons; on construisit des hôpitaux provisoires où l'on établit sur quatre étages, superposés les uns aux autres, des compartiments analogues aux cabines des navires, et ne laissant entre eux que l'espace nécessaire pour le passage d'un homme. Comme on ne voulait pas employer les ouvriers valides à soigner les malades, ceux qui pouvaient encore se lever durent veiller leurs camarades. Plus les travaux avançaient, plus les hommes étaient exposés à l'humidité et au soleil brûlant, plus aussi sévissait la contagion. Un grand nombre de ces malheureux moururent, mais de nouveaux détachements venaient sans cesse les remplacer, et l'exploitation continuait. Le colonel avait promis les 100 pouds d'or; quel que fût le nombre d'existences à sacrifier pour cela, il voulait tenir sa promesse. Plus de la moitié de la saison était déjà passée, et il n'avait pas encore la moitié du minerai qu'il devait extraire, il fallait donc redoubler d'efforts.

« Les heures de travail furent augmentées, le fouet châtiait celui dont la tâche n'était pas remplie; les malheureux travaillaient jusqu'à ce qu'ils tombassent de fatigue et d'épuisement.

« Peu de temps avant la fin de la saison, on découvrit que des marchands de Nertchinsk avaient passé en contrebande une énorme quantité de thé en briques et que les employés, achetés d'avance, avaient fermé les yeux. Des plaintes s'élevèrent aussi contre les fonctionnaires de Nertchinsk. Le gouverneur général envoya d'Irkoutsk quelques-uns de ses agents pour faire une enquête à ce sujet; et la complication de l'affaire l'amena lui-même sur les lieux pour interroger les personnes compromises. Quelques-unes étaient déjà décédées, d'autres gisaient dans leurs cases, où les retenait la maladie. Conduit ainsi à visiter ces lieux de misère, il fut suffoqué par les miasmes pestilentiels qui s'en exhalaient; et dans la description qu'il me fit plus tard de cet enfer, il ne trouvait pas de termes assez énergiques pour rendre ses impressions. « Je « me disposais à sortir, ajouta-t-il, quand quelques « hommes, d'une voix éteinte, me supplièrent de

« les faire porter en plein air, car ils se sentaient « mourir. Je m'arrêtai pour leur parler, et quand « mes yeux se furent par degrés habitués à l'obs- « curité des lieux, je pus distinguer les objets qui « m'entouraient. L'horreur que je ressentais fut au « comble quand je reconnus que les cases conte- « naient autant de morts que de mourants; des « cadavres, décomposés depuis plusieurs jours, for- « maient autour des malades une atmosphère épou- « vantable. »

« Le gouverneur donna aussitôt l'ordre de transporter dans les huttes les malheureux qui étaient encore en vie et d'enterrer immédiatement les autres. Le but de son voyage ne fut pas atteint, mais il eut la satisfaction d'alléger la souffrance de beaucoup de pauvres créatures. J'ai vu son rapport; je ne le transcrirai pas ici; les détails en sont trop horribles pour être racontés.

« La saison se termina par un froid violent qui obligea de suspendre les travaux; on n'avait extrait que soixante-dix pouds d'or, achetés par la souffrance ou la mort d'un grand nombre de mineurs. C'est l'or le plus chèrement payé qui soit jamais entré dans le trésor des tzars, car on a constaté, d'une manière certaine, que chaque kilogramme de ce métal avait coûté treize vies humaines. Ces faits produisirent une grande sensation dans l'Altaï et dans tous les districts miniers. Chacun pensait que l'officier qui avait montré un tel mépris pour les existences confiées à sa discrétion aurait à rendre un compte sévère de sa conduite.

« Au commencement de l'hiver, une caravane partit de Nertchinsk, portant à Saint-Pétersbourg le produit des mines ; le colonel l'accompagna jusqu'à Irkoutsk, où je le vis plusieurs fois avant son départ. Ce coupable administrateur, devançant ses hommes, arriva seul à la capitale, et il s'arrangea si bien que loin dètre puni il obtint une pension en récompense de ses services[1] ! »

La déportation et les déportés.

Mais en voilà assez sur les maîtres actuels de la Sibérie.—Passons aux forçats politiques ; aux martyrs du patriotisme et de la liberté. S'il y a dans l'histoire future de l'humanité une page pour la Sibérie, c'est à ces hommes, sans doute, et à nuls autres, qu'elle la devra.

Lorsque M. et Mme Atkinson avaient quitté Moscou pour se diriger vers la Sibérie, ils avaient eu à subir à la sortie de Moscou la scène la plus douloureuse.

Les barrières des villes russes sont formées par deux poteaux ou grandes poutres soutenant une

1. W. Atkinson. *Upper and Lower Amoor*, p. 396-400.

grosse traverse mobile. On élève celle-ci chaque fois qu'on doit laisser passer une voiture ou un cavalier, puis on la laisse retomber immédiatement. Avant d'être admis à franchir cette sorte de joug ou de potence, les voyageurs doivent faire vérifier leurs passeports. « Si peu de temps que prît cette formalité, dit Mme Atkinson, ce moment suffit pour évoquer dans nos souvenirs les lamentables fantômes des nombreux proscrits pour lesquels cette barrière avait été la première étape de l'exil ; les uns accusés des plus grands crimes, les autres des plus minces délits, beaucoup simples victimes des caprices, de la brutalité ou des terreurs d'un maître, beaucoup aussi martyrs d'une foi héroïque.

« Pendant notre court séjour à Moscou, les familles de quelques déportés, sachant notre dessein de visiter prochainement des contrées où leurs pères, leurs maris et leurs frères gémissaient détenus depuis de longues années, avaient cherché à lier connaissance avec nous. Chacun des membres de ces familles avait quelque chose à nous communiquer. Ici c'était une femme qui s'était tenue à la porte de Moscou avec son enfant dans les bras pour recueillir le dernier regard d'un mari et d'un père ; là, de jeunes enfants, maintenant hommes faits, avaient été terrifiés par le cliquetis des chaînes en embrassant leurs parents pour la dernière fois ; ou bien c'étaient des mères qui avaient assisté avec angoisse au défilé de leurs fils entre les funestes poteaux qu'ils ne devaient jamais repasser ; ou bien enfin des sœurs qui avaient reçu les derniers adieux de ceux qui leur étaient chers, et des frères qui s'étaient pressés d'une étreinte suprême et ne devaient jamais se revoir : tous ces infortunés avaient quelque message à faire parvenir. Chaque famille ayant un fils, un père ou un frère en Sibérie (et il en est des meilleurs et des plus braves), avait voulu nous avoir pour hôtes. On n'avait pas osé leur écrire depuis longtemps. On pouvait seulement leur faire transmettre oralement des témoignages d'affection et d'intérêt, et chacun avait désiré que nous fissions de ces commissions un cas tout particulier. Ils croyaient ne nous avoir jamais assez entretenus des détails de leur infortune, détails souvent tragiques, toujours tristes au plus haut degré.

« Il y avait un mélancolique intérêt dans ces récits que tout le monde eût appréciés comme nous. Ils roulaient généralement sur les circonstances qui avaient conduit les êtres regrettés dans l'exil, et sur la difficulté de faire parvenir si loin quelques confidences d'où dépendaient souvent l'honneur, la fortune et l'avenir de plusieurs familles. Aussi je comprenais les recommandations minutieuses dont chaque confidence était l'objet, et je n'oublierai jamais notre départ et les bénédictions que tant de cœurs brisés appelèrent sur nous. »

Il fut donné à M. et Mme Atkinson, durant leurs longues pérégrinations à travers la Sibérie, de tenir la plupart des engagements pris envers ces respectables infortunes. Depuis la pointe orientale de l'Oural jusqu'aux rivages basaltiques du lac Baïkal, ils se détournèrent bien souvent de leur chemin, pour aller dans quelque hameau écarté, dans des solitudes sans nom, souvent même dans l'antre souterrain d'une mine, à la recherche d'un exilé recommandé à leurs soins, et lui transmettre subrepticement un souvenir d'affection, des nouvelles du foyer perdu.

Ainsi dans la première ville sibérienne où ils mirent le pied, à Neviansk, célèbre par ses richesses métallurgiques et par son hôtel des Monnaies dont la haute et belle tour s'incline hors de la perpendiculaire, et fait penser involontairement à ces monuments à base de sable dont parle l'Écriture, les voyageurs purent constater qu'une bonne partie de la population descend des fugitifs échappés dans le siècle dernier des solitudes de Bérésof et d'autres enfers sibériens, et qu'en dépit des terribles prescriptions impériales, le premier des Demidoffs recueillit, cacha et employa dans ses mines et dans ses usines.

Ainsi au confluent de l'Iset et du Tobol, à Yaloutrowski, ils allèrent embrasser, au nom de sa famille, un des principaux conjurés de 1825, un Mourawieff, que vingt-quatre ans d'exil, dont plusieurs passés dans les forêts marécageuses du gouvernement d'Yakoutsk, sans société aucune, sans livres et sans papier, n'avaient pu amener à modifier son esprit indomptable et les convictions pour lesquelles il souffrait, pour lesquelles son frère avait péri du dernier supplice[1].

Ainsi encore dans le voisinage de Minousink, ils eurent à visiter un savant allemand, le docteur Fahlenberg, dont la mort avait été officiellement annoncée vingt ans auparavant à sa famille qu'il n'avait pu désabuser! Cet infortuné, par suite d'un raffinement de cruauté et de tortures, n'ignorait pas que depuis cette époque il ne comptait plus que pour mémoire dans le cœur de ses enfants, et que sa femme s'était remariée ! Ce n'est pas tout : cet homme, aussi distingué par son érudition que par l'élévation de son esprit, avait ouvert à Minousink une école où bientôt afflua la jeunesse des environs. Dès que le gouvernement l'apprit, il fit fermer l'école, déporta le pauvre savant à quelque distance dans le désert, et lui prescrivit même la seule occupation qui lui fût permise : « Voici, dit le malheureux en ouvrant sa fenêtre devant ses deux visi-

1. La mort de Serge Mouravieff est tristement célèbre : condamné à être pendu, la corde rompit avant qu'il eût cessé de vivre. Pendant qu'on en cherchait une autre, il reprit connaissance, et voyant ce qu'on préparait de nouveau, il se contenta de dire avec douceur : « Il est dur pour un homme d'avoir à mourir deux fois. »

teurs anglais et en leur montrant un coin de terre planté de tabac, voici le noble travail auquel je dois consacrer les quelques années qui me restent à vivre ! »

« Des voyageurs, avant moi, dit expressément Atkinson, ont écrit, ont publié que les exilés politiques n'étaient jamais employés dans les mines; cette assertion est tout simplement un mensonge. J'ai recueilli à cet égard les renseignements les plus positifs de la bouche même des victimes, ou de celle de leurs femmes qui habitaient soit Irkoutsk, soit d'autres lieux que j'ai visités. J'ai eu avec beaucoup d'entre eux de fréquents rapports, et j'ai conservé de cette intimité les plus doux souvenirs.

« Ainsi chaque condamné de 1825, après avoir été chargé de chaînes et placé dans un telega, à côté d'un gendarme, avait été entraîné hors de l'Europe, non par la route ordinaire de Moscou, mais par Yaroslaw et Viatka, à travers un pays fort peu fréquenté, qui les conduisit sur la grande route de Sibérie sans toucher à Perm. Des ordres étaient donnés pour ne pas perdre le moindre temps et ne faire aucune halte, sinon pendant les repas. Ils parcoururent ainsi 7500 kilomètres, marchant nuit et jour. Au bout d'un mois ils atteignirent enfin Nertchinsk et furent remis aux mains de l'autorité. Ils couchèrent dans cette ville, et le lendemain matin partirent pour les mines, qui se trouvent à 300 kilomètres plus loin, et qui leur étaient assignées pour prison. Ils y parvinrent dans l'après-midi du jour suivant, et tout aussitôt furent remis aux mains d'un homme résolu à leur faire subir leur peine dans toute sa rigueur.

« Ils étaient arrivés un vendredi, et le lundi matin suivant, le prince Volkonskoï, le prince Troubetskoï et leurs compagnons d'infortune commencèrent à travailler dans les mines. C'était un rude labeur pour des mains qui avaient peu l'habitude de manier la pioche et le marteau, et leur gardien rendait leur tâche encore plus pénible. Un numéro avait remplacé leur nom, et ils vécurent ainsi pendant deux années.

« D'autres condamnés de la même fournée, subirent leur peine au milieu des forêts solitaires qui avoisinent Yakoutsk, et je pourrais entrer dans quelques détails qui ne s'accorderaient guère avec la *mansuétude* du gouvernement russe et de ses agents, si vantée par certains voyageurs qui ne voient la Sibérie qu'à travers les vitres des salons de l'aristocratie gouvernementale.

« Plusieurs de ces condamnés, avancés en âge, laissaient derrière eux des filles et des fils déjà grands; d'autres, plus jeunes, avaient été enlevés à leurs petits enfants, et les mères portant leurs nourrissons dans les bras étaient venues jusque sur la grande route pour saluer leurs maris d'un dernier regard.

« La première femme qui se dévoua à suivre son mari fut la princesse Troubetskoï; elle était jeune et résolue à partager les souffrances du prisonnier pour adoucir, s'il était possible, ses années d'exil. Elle n'en obtint la permission qu'avec de grandes difficultés, et, en la lui accordant, on lui fit savoir qu'*aucune femme qui accompagnait son mari dans l'exil, ne pouvait jamais en revenir*. La résolution de la princesse n'en fut pas ébranlée et elle partit accompagnée d'une fidèle servante qui voulait partager ses périls. Elle m'a fait elle-même le récit de son aventureux voyage, et je ne connais rien de plus touchant. Elle eut à traverser bien des périls. Au milieu d'un hiver rigoureux, elle fut assaillie par les terribles tempêtes si fréquentes en Sibérie; elle vit souvent des loups affamés courant de chaque côté de son traîneau, prêts à se jeter sur les chevaux s'ils ralentissaient leur marche ou s'ils venaient à s'abattre. Il fallut à cette femme, habituée à toutes les délicatesses d'une vie opulente, le double courage de l'amour et du devoir pour exécuter son héroïque dessein.

« Enfin elle parvint à atteindre Nertchinsk sans accident, et un officier du génie, qui se rendait aux mines, lui offrit de l'y accompagner.

« Elle l'accabla de questions sur le sort de son

mari; tout ce qu'elle put apprendre, ce fut qu'il n'était pas malade. A son arrivée, elle se rendit à la demeure de l'officier, dont la femme, émue de compassion, l'entoura des soins les plus affectueux. Puis elle envoya son passe-port au directeur de la mine, en le suppliant de permettre qu'elle vît le prince.

« Un officier de police arriva bientôt; il dit à la noble femme qu'il avait reçu l'ordre de la conduire au logis qui *lui était assigné*, et lui donna en même temps l'assurance qu'elle verrait son mari le lendemain. Une seule chambre, froide et nue comme une prison, avait été préparée pour la recevoir; on lui apprit qu'elle ne pourrait, sans une permission spéciale, sortir dans la ville. Le matin suivant, elle fut conduite devant le directeur, et renouvela sa prière, demandant à voir le prince, et à passer près de lui quelques heures par jour. On fit droit à la première partie de sa requête, mais la seconde lui fut refusée, et l'homme impitoyable auquel elle s'adressait lui dit que, si elle était venue pour partager l'exil de son mari, elle devait se soumettre à la discipline de la prison; il ajouta même qu'elle ne pourrait écrire une seule ligne sans qu'il en prît connaissance.

« Ensuite, il donna ordre à l'officier de police de la conduire auprès du prince, qu'il désigna par son numéro, puis de la ramener à sa demeure. Un traîneau les attendait et leur fit parcourir plusieurs verstes avant d'arriver à la mine, où l'on fit descendre Mme Troubetskoï dans la sombre galerie où travaillaient les exilés. Pendant quelques moments son apparition plongea ces malheureux dans une surprise étrange, ils se regardèrent tous avec égarement, s'imaginant que c'était une vision; mais presqu'aussitôt la princesse avait reconnu son mari, et s'était précipitée dans ses bras. Je n'essaierai pas de peindre cette entrevue, qui dans un éclair de joie récompensa la généreuse femme de toutes ses fatigues. Hélas! le bruit des chaînes que portait le prisonnier la rappela bientôt au triste sentiment de la réalité, et l'officier de police l'arracha, à demi évanouie, à cette lugubre scène.

« Le commandant avait ordonné de la soumettre au régime de la prison, et ne lui laissait pas même du thé; seulement il lui permit de voir le prince une fois par semaine, mais elle ne rentra plus dans les mines. Deux autres dames arrivèrent un mois plus tard, et subirent les mêmes épreuves. Plus d'une année s'écoula ainsi; enfin, l'homme sans entrailles que n'avait pu émouvoir tant de dévouement, fut appelé devant le tribunal où nous devons tous paraître. Puissent de bonnes qualités, demeurées inconnues au monde, lui avoir mérité la clémence du juge suprême, à lui, qui cependant avait eu si peu de compassion pour ses semblables[1] ! »

Les Polonais en Sibérie[2].

« Ce mot de Sibérie embrasse une infinité de situations, de misères et d'épreuves que la nomenclature, assez riche pourtant, du Code pénal russe est loin de définir ou même de spécifier. Les deux principales catégories : déportation (*possélénié*) et travaux forcés (*katorga*) n'indiquent pour ainsi dire que les grandes lignes extérieures d'un vague immense rempli par l'arbitraire seul. Tout est arbitraire, en effet, dans un jugement qui est appliqué et commenté par un monde de dictateurs, par la commission de Tobolsk, par le gouverneur général de Sibérie, par le premier et le dernier venu, par l'inspecteur et le gardien. Autre chose est d'être déporté à Viatka, Tobolsk ou même Omsk ; autre chose d'être envoyé à Bérésov, comme le fut la généreuse Mme Félinska, ou au Kamtschatka, comme Béniowski, et tant de Polonais illustres. Autre chose encore est de servir dans l'armée du Caucase avec le droit d'avancement, c'est-à-dire avec la possibilité et l'espoir d'être un jour à l'abri

1. W. Atkinson, *Upper and Lower Amoor*, p. 401-404.
2. Extraits des *Souvenirs d'un Sibérien*, par Rufin Piotrowski.

des châtiments corporels, ou d'être incorporé dans les régiments cosaques, aux frontières kirghizes. On peut s'acquitter de la *katorga* dans une des fabriques de distillerie du gouvernement, comme ce fut mon sort à Ekaterininski-Zavod ; mais combien de malheureux travaillent dans les mines horribles de Nertchinsk, les fers aux pieds, en attendant qu'un éboulement subit vienne mettre fin à une vie qui ne compte plus en ce monde ! Les mines de vert-de-gris sont surtout redoutées. Les compagnies disciplinaires d'Orenbourg et autres passent pour un séjour encore plus terrible que Nertchinsk : là, les verges et la bastonnade sont le pain quotidien de nos pauvres étudiants et ouvriers, qu'on y relègue le plus souvent. Enfin il y a encore la forteresse d'Akatouïa, non loin de Nertchinsk, dernier châtiment réservé aux plus grands criminels, aux forçats rebelles ou pris en rupture de ban, et où fut en dernier lieu enfermé l'illustre Pierre Wysoçki après l'avortement de sa conspiration en Sibérie. Je ne saurais rien dire sur cet endroit mystérieux, car je n'ai jamais vu personne qui y eût pénétré : on prononçait ce mot, en Sibérie, avec une terreur indicible.

« .... Le déporté n'a pas de droits civils, sa déclaration n'est pas admise devant la justice, et sa femme, laissée dans le pays, peut contracter un second mariage, car il est considéré comme mort.

Cette situation faite au déporté va contre le but même du législateur, qui voudrait surtout voir s'accroître la population de la Sibérie. Le condamné ne peut s'y marier que dans les classes les plus infimes, les moins respectables des habitants, et ses enfants, de plus, doivent toujours rester serfs de la couronne. Une mesure impitoyable, qui n'a pas empêché cependant ni le dévouement de la princesse Troubetskoï, ni celui de Mme Koszakiewicz et de tant d'autres Polonaises, permet, il est vrai, à la femme de suivre en Sibérie son mari condamné; mais elle n'a plus alors le droit de le quitter, et les enfants nés sur cette terre d'exil deviennent aussi serfs de la couronne. Notons encore une autre singularité: l'amnistie, quand on l'accorde, ne s'étend qu'aux père et mère; les enfants nés d'eux en Sibérie ne profitent point de cette grâce à moins d'un décret spécial. Toutes ces restrictions pourtant ne semblaient pas encore suffisantes à l'empereur Nicolas: au mois de décembre 1845, il promulgua une grande ordonnance sur la Sibérie, qui, entre beaucoup d'autres aggravations inutiles à énumérer ici, déclarait les déportés incapables de posséder tout bien, même mobilier, et prescrivait que les condamnés aux travaux forcés, fussent astreints, sans exception, à habiter les casernes. Cette ordonnance jeta la consternation dans le pays, et fut déclarée par les employés eux-mêmes aussi cruelle qu'inopportune et presque inexécutable. Je ne sais si elle reçut son application rigoureuse.

« ....Si la tentation de fuir est presque générale parmi les criminels ordinaires de la Sibérie, au contraire les détenus politiques, les Polonais, n'y cèdent que très-rarement. La crainte du knout et des châtiments corporels, plus forte naturellement chez l'homme de la classe aisée, la connaissance très-imparfaite de la langue, des routes et des mœurs du pays, tout se réunit pour dissuader le Polonais d'un si désespérant essai. Il n'a pas du reste la ressource du paysan russe qui s'enfuit; il ne lui suffit pas de se perdre dans les forêts ou dans une commune obscure : pour parvenir à ses fins, il lui faudrait atteindre une frontière étrangère, et l'immensité des espaces à parcourir est bien faite pour ôter tout espoir. Mais les tentatives de délivrance en masse ne sont pas rares parmi les déportés politiques. Les exploits de Béniowski se présentent à la mémoire de tous et sollicitent plus d'un esprit entreprenant. Ce sont tantôt des conspirations pour se frayer à main armée, en nombre imposant, un passage vers la Perse, la Chine ou à travers les steppes, tantôt des plans plus téméraires encore de soulever la Sibérie elle-même contre la domination des tzars. Pierre Wysoçki, celui-là même qui a donné le signal de notre révolution en 1831, et qui, tombé plus tard, dans un combat, entre les mains des Russes, fut déporté à Nertchinsk, y organisa un complot de ce genre, et dut expier sa témérité dans la forteresse d'Akatouïa. De même nature fut la conspiration de l'abbé Siérocinski, demeurée célèbre dans les annales de la Sibérie. Je ne suis arrivé à Ekaterininski-Zavod que quelques années après cette sanglante tragédie; j'étais tout près d'Omsk, l'endroit où la scène se déroula; j'en ai vu les témoins oculaires et les acteurs, et j'ai recueilli de leur bouche, sur ce lugubre sujet, les détails suivants, dont je garantis la parfaite exactitude.

« L'abbé Siérocinski fut, avant la révolution de 1831, supérieur du couvent des basiliens à Owrucz en Volhynie, et y dirigeait en même temps les écoles. Il prit une part active à notre mouvement de 1831, et finit par tomber dans les mains des Russes. L'empereur Nicolas l'envoya servir comme simple soldat dans les régiments cosaques de la Sibérie. Pendant quelques années, le supérieur du couvent parcourait ainsi les steppes à cheval à la poursuite des Kirghiz, en costume de cosaque, le sabre au côté et la lance au poing. Il y a à Omsk une école militaire, et un jour, quand on y eut besoin d'un professeur, on se souvint de l'ex-basilien, dont on savait les capacités et surtout la connaissance des langues française et allemande, et on le rappela des steppes kirghizes. L'ancien supérieur du couvent, l'ancien cosaque devint ainsi, par ordre, professeur à l'école militaire d'Omsk, sans cependant cesser d'être simple soldat et de faire partie du régiment. Dans sa nouvelle position, l'abbé Siérocinski gagna bien vite les cœurs et eut des relations très-étendues. D'une constitution physique très-délicate et nerveuse, mais doué d'un rare esprit d'audace et d'entreprise, il imagina d'organiser par toute la Sibérie une vaste conspiration dans laquelle entraient tous les déportés, les soldats des garnisons, beaucoup d'officiers, qui se rappelaient encore les idées et le martyre de Pestel, enfin des habitants du pays, des Russes et jusqu'à des Tatars. Il serait trop long de l'expliquer ici ; mais, pour quiconque a bien connu la Sibérie, il n'est pas douteux que les éléments d'une révolution n'y manquent pas. Le mécontentement y est général, quoiqu'à divers degrés et pour des causes très-divergentes, contradictoires même; les garnisons seules retiennent ces vastes contrées dans le cercle de fer qui étreint l'empire. Or c'est précisément parmi les garnisons que Siérocinski recrutait le plus d'affiliés. Son plan était de s'emparer à un moment donné des forteresses et places principales à l'aide des conjurés militaires et des déportés délivrés (pour la plupart anciens soldats), et d'attendre les événements. En cas d'échec, on devait se retirer en armes par les steppes kirghizes dans le khanat de Khokand, où il y avait beaucoup de catholiques, ou dans le Boukhara, pour pénétrer de là dans les possessions anglaises des Indes orientales. Le foyer de la conspiration était à Omsk, où les conjurés avaient à leur disposition toute l'artillerie de la place, et le signal était déjà donné pour une levée de boucliers générale; mais la veille même de l'exécution trois des conjurés révélèrent tout au commandant de place. Siérocinski et ses complices furent saisis dans la nuit même, et des courriers partirent dans toutes les directions pour ordonner des arrestations en masse. Le complot ainsi étouffé au moment d'éclater, l'enquête commença et dura longtemps. Deux commissions, nommées l'une après l'autre, finirent par se dissoudre sans rien produire, tant l'affaire était compliquée et obscure; ce n'est que la troisième, composée de membres envoyés exprès de Saint-Pétersbourg, qui réussit à clore la procédure. Un arrêt de l'empereur Nicolas condamnait l'abbé Siérocinski et cinq de ses principaux complices, parmi lesquels se trouvaient un officier des guerres de l'empire, âgé de soixante et quelques années, Gorski, et un Russe, Mélédine, chacun à sept mille coups de verges sans merci. Le jugement portait en toutes lettres *sept mille coups sans merci* (*bez postchadi*). Les autres détenus, dont le nombre s'élevait à mille, furent condamnés soit à trois mille, deux mille ou quinze cents coups de verges et aux travaux forcés à perpétuité, soit simplement aux travaux forcés, aux compagnies disciplinaires, à la réclusion, etc.

« Vint le jour de l'exécution. Ce fut en 1837, au mois de mars, à Omsk. Le général Goloféïev, célèbre par sa cruauté et envoyé à cet effet de la capitale, commandait le lugubre cortége. Au point du jour, deux bataillons complets se rangèrent sur une grande place, près de la ville, l'un destiné pour les six principaux coupables, l'autre pour ceux qui avaient été condamnés à un moins grand nombre de coups. Je n'ai pas l'intention de décrire dans tous ses détails la boucherie de cette journée terrible; je ne m'arrêterai que sur l'abbé Siérocinski et ses cinq compagnons d'infortune. On les amena sur la place, on leur lut l'arrêt, et le *défilé* (*skvoz-stroï*) commença. Les coups tombèrent selon la lettre du décret, c'est-à-dire sans merci, et les cris des suppliciés s'élevaient jusqu'au ciel. Aucun d'eux ne reçut le nombre de coups prescrit; tous, exécutés l'un après l'autre, après avoir traversé deux ou trois fois le défilé, tombèrent sur la neige rougie de leur sang et expirèrent. On avait à dessein réservé pour le dernier l'abbé Siérocinski afin qu'il pût assister jusqu'au bout au supplice de ses compagnons. Quand son tour arriva enfin, quand on lui eut dénudé le dos et attaché les mains à la baïonnette, le médecin du bataillon s'approcha pour lui présenter comme aux autres un flacon contenant quelques gouttes fortifiantes; mais il refusa en s'écriant : « Buvez mon sang, je ne veux « pas de vos gouttes! » On donna le signal de la marche, et alors l'ancien supérieur de couvent entonna d'une voix haute et claire : *Miserere mei, Deus, secundum magnam misericordiam tuam.* Le général Golofèïev cria à ceux qui frappaient : « Plus fort! plus fort! (*pokreptché*), » et ainsi on entendit pendant quelques minutes le chant du basilien entrecoupé par le sifflement des verges et le cri *pokreptché* du général.... Siérocinski n'avait encore passé qu'une fois à travers les rangs du bataillon, c'est-à-dire qu'il n'avait reçu que mille coups, lorsqu'il roula sur la neige, baigné dans son sang et sans connaissance. On s'efforça en vain de le remettre sur pied; on le déposa dès lors sur un traîneau préparé d'avance, en l'y attachant à un espèce de support, de manière à présenter aux coups le dos du supplicié, et le char défila de nouveau entre les rangs. Au commencement de ce second défilé, le patient faisait encore entendre des cris et des gémissements qui allaient en s'affaiblissant; il n'expira toutefois qu'après le quatrième tour : les trois mille derniers coups ne portèrent plus que sur un cadavre.

« Une fosse commune recueillit bientôt ceux qui

dans cette terrible journée moururent sur place ou succombèrent quelques jours après des suites de l'exécution, Polonais comme Russes. On permit aux parents et amis de placer le signe de notre loi au-dessus de cette tombe mémorable, et jusqu'en 1847 on voyait le grand crucifix en bois étendre ses bras noirs dans les steppes au-dessus de la neige étincelante de blancheur[1]. »

Un dernier témoignage.

Voilà les scènes, qu'étale le gouvernement Russe sous les yeux de ses peuples de l'Asie; c'est par de tels exemples qu'il les forme à la vie des nations; mais ce n'est pas tout. La Russie depuis deux ans leur donne un spectacle bien autrement dramatique et saisissant que le supplice, si raffiné qu'il puisse être, de quelques individus isolés, — le supplice d'un peuple tout entier et tel que le monde épouvanté n'en a pas vu de pareil depuis les monstrueuses dominations de Ninive et de Babylone. Rien ne peut donner l'idée des misères endurées par les dix tribus d'Israël, déportées par les Assyriens dans les déserts de la Bactriane, comme la chaîne de *forçats* polonais qui, depuis deux ans,

1. Rufin Piotrowski, *Souvenirs d'un Sibérien*. — Paris, 1863. Hachette et Cᵉ.

s'allonge, se traîne, sous le fouet des *tourmenteurs*, depuis les plaines de la Vistule jusqu'aux gîtes aurifères de la Daourie, qui dévorent leurs mineurs, jusqu'aux solitudes du Saghalien, qu'il faut peupler à tout prix. Lugubre procession que la mort tronçonne en vain et dont de nouvelles recrues remplissent incessamment les vides !

Ah ! ceux de nos compatriotes à qui une traversée récente de la Sibérie a permis de rencontrer ces vénérables captifs : soldats mutilés, femmes, enfants, jeunes hommes, semant de leurs larmes, de leurs sueurs, de leur sang, de leurs chairs en lambeaux, chaque étape de leur route de trois mille lieues, ceux-là portent au fond de l'âme et pour tous les jours qui leur restent à vivre, un souvenir accablant.

Ils n'en parlent qu'en frémissant et à voix basse comme de ces apparitions funèbres qui troublent la raison de l'homme.

Jusqu'à présent leurs confidences n'ont pas dépassé le cercle de l'intimité. Je ne sais s'il y a péril à les divulguer, mais il y a, à coup sûr, un devoir à ne pas les taire.

Ce devoir je le remplis.

FIN.

TABLE.

FIN DE LA TABLE.

Paris — Imprimerie générale de Ch. Lahure, rue de Fleurus,

Printed in Dunstable, United Kingdom

91219635R00258